能源互联电网停电恢复控制技术

谢云云 卜 京 邹 云 著

科学出版社

北 京

内 容 简 介

随着电力系统中新能源、高压直流输电等技术的广泛应用，电力系统已经发展为能源互联系统。本书针对能源互联系统中各种新型电源给电网停电恢复带来的机遇和挑战，系统性地介绍能源互联电网的停电恢复控制技术。全书共5章，分别讲述能源互联电网停电恢复的基本原则、面向能源互联电网的电力系统动态分区方法、适应多样化电源快速恢复的发电机启动顺序优化方法，以及不确定性条件下的负荷恢复方法。

本书以当前能源互联电网为对象，密切结合最新的控制和优化调度技术在停电恢复中的应用情况，循序渐进、深入浅出地论述能源互联电网停电恢复的基本概念、分区方法和恢复路径优化方法等。本书可供从事电力系统运行与控制的工程技术人员，以及高等院校电气自动化类专业师生参考。

图书在版编目(CIP)数据

能源互联电网停电恢复控制技术 / 谢云云，卜京，邹云著.—北京：科学出版社，2022.6

ISBN 978-7-03-069113-2

Ⅰ.①能… Ⅱ.①谢… ②卜… ③邹… Ⅲ.①互联网络-应用-电网-停电事故-故障恢复 Ⅳ.①TM711.2-39

中国版本图书馆CIP数据核字(2021)第108986号

责任编辑：张海娜 李 娜 / 责任校对：任苗苗
责任印制：吴兆东 / 封面设计：蓝正设计

科学出版社 出版
北京东黄城根北街 16 号
邮政编码：100717
http://www.sciencep.com

北京凌奇印刷有限责任公司 印刷
科学出版社发行 各地新华书店经销

*

2022 年 6 月第 一 版 开本：720×1000 1/16
2023 年 4 月第二次印刷 印张：11 1/2
字数：232 000

定价：88.00 元
(如有印装质量问题，我社负责调换)

前　言

随着电网互联的加强、控制技术的提高，电力系统大停电的发生概率大大降低。但大停电事故的发生仍不可避免，近十年来已经在全球各地发生了十余次大停电事故（损失负荷在 1000MW 以上），例如，2019 年，委内瑞拉和阿根廷发生了两起全国性大停电事故。在电网大停电后，停电恢复控制技术能够生成合理、高效的电力系统恢复策略，加快停电电网的恢复速度，对于减少停电造成的经济损失和社会影响具有重要意义。

在传统电力系统中主要是水电机组和火电机组，停电恢复控制技术的重点是协调控制自启动水电机组、无法自启动的火电机组和输电线路。近年来，随着大量新能源发电机组、快速切回火电机组、高压直流输电系统接入电网，电力系统已经发展为能源互联系统。能源互联系统中的新型电源具备自启动特性或快速的被启动特性，在电网恢复过程中利用它们作为黑启动电源或快速恢复的被启动电源，能加快停电系统的恢复速度。然而，这些电源存在不同的启动和运行特性，如新能源发电机组出力存在不确定性、高压直流输电系统存在启动冲击问题等，这些特性对电网恢复控制技术提出了新的要求。因此，本书在前人工作的基础上，总结作者所在科研团队近年来在能源互联电网停电恢复方面所取得的研究成果。

全书共 5 章。第 1 章介绍电力系统停电恢复控制技术研究的必要性、电力系统停电恢复的阶段划分、电力系统停电恢复过程中的技术问题、能源互联电网发展对停电恢复控制技术提出的新要求。第 2 章在现有电网黑启动方案的技术原则的基础上，总结能源互联电网停电恢复的基本原则，包括总体原则、技术校验要求和调度要求等。第 3 章针对能源互联电网中自启动电源数量增加但无法提前确定能否自启动的问题，介绍基于改进 GN（Girvan-Newman）分裂算法的能源互联电网快速动态分区方法。第 4 章面向能源互联电网中快速生成恢复路径的需求，介绍现有的机组恢复顺序优化方法，包括机组启动顺序与恢复路径非线性耦合模型、机组启动顺序与恢复路径迭代优化模型、同时考虑机组启动顺序与恢复路径的混合整数优化模型。第 5 章针对新能源发电机组接入后增大了负荷恢复不确定性的问题，分析确定性负荷恢复模型的不足，介绍基于信息间隙决策理论的不确定性负荷恢复方法。

本书中许多研究成果是由谢云云副教授、邹云教授等所组成的科研团队及其指导的研究生共同努力取得的，这些研究成果建立在国网电力科学研究院薛禹胜院士团队、浙江大学文福栓教授团队、山东大学刘玉田教授团队、华北电力大学顾雪平教授团队等优秀学者工作的基础上，在此向各位学者对电力系统停电恢复控制技术研究做出的贡献表示衷心感谢。国网江苏省电力有限公司电力科学研究院李群、刘建坤、周前、汪成根等，南京南瑞继保电气有限公司李林、何俊峰等为本书中很多研究工作提供了想法、建议和仿真验证环境，在此向各位合作伙伴表示感谢。在本书的撰写过程中得到了薛禹胜院士的多次悉心指导，顾雪平教授为本书的撰写提出了很多宝贵意见，宋坤隆、刘昌盛博士研究生和陈晞、石屹岭、刘琳、黄详淇、李德正、郭伟清、谷志强等硕士研究参与了部分研究和书稿整理工作，在此向各位老师和同学表示感谢。

在本书撰写过程中，虽然作者已在体系安排、材料组织、文字表达等方面做了努力，但由于作者水平有限，书中难免存在疏漏，恳切期望采用本书的教师、学生和专业技术人员，对本书的内容、结构和疏漏给予批评指正。

作　者

南京理工大学

2022 年 2 月

目　　录

第1章 绪 论

1.1 电力系统停电恢复控制技术研究的必要性

电力系统是电能的生产、输送、分配和消费各环节组成的一个整体，将自然界中的一次能源转化成电能后，再经过输电、变电、配电等环节将电能供给用户使用。为了满足不断增长的用电需求和不断提高的电力系统运行效率要求，电网的大规模互联已成为全世界范围内发展的必然趋势[1,2]，目前大部分国家已经形成了国内互联电网，在西欧已经形成了跨国互联电网，在未来可能形成跨洲互联的全球能源互联电网[3,4]。大规模互联电网可在地理环境下优化资源配置方式，有错峰调峰、互为备用、调节余缺和多种能源共济等联网效益。但随着互联电网规模的扩大，电网潮流交换和信息交换日益频繁，大规模互联电网内各子网间的相互依赖性亦日益增大，从电网单一故障扩大到相继故障的可能性也日益增大，从而增加了电力系统停电的风险[5]。

2000 年以来，国外发生多起大停电事故，如表 1.1 所示。这些大停电事故造成了巨大的经济损失和严重的社会影响。除了表 1.1 中的大停电事故，还有很多影响较为严重的停电事故，例如，2006 年 11 月 4 日西欧大停电，波及法国和德国人口最密集的地区，以及比利时、意大利、西班牙、奥地利的多个重要城市，约 1500 万用户受到影响[6,7]；2011 年 2 月 4 日巴西东北部电网大停电，波及巴西东北部 8 个州，共损失负荷约 8000MW，占巴西东北部电网总负荷的 90.1%，约 4000 万人的生活受到影响，经济损失折合约 6000 万美元[8,9]；2011 年 9 月 8 日美国西南部电力系统大停电，受此次停电事故影响的居民总人数超过 500 万，仅圣迭戈市因停电造成的直接经济损失就高达 1.18 亿美元。

表 1.1 2000 年以来国外发生的大停电事故统计

大停电事故	影响人数/万	日期	事故影响
2012 年印度大停电	62000	2012 年 7 月 30 日	超过 20 个邦电力瘫痪，全国近 1/2 地区的供电出现中断
2014 年孟加拉大停电	15000	2014 年 11 月 1 日	孟加拉国全国大停电
2015 年巴基斯坦大停电	14000	2015 年 1 月 26 日	巴基斯坦国内约 80%的地区停电
2005 年印尼大停电	10000	2005 年 8 月 18 日	雅加达、爪哇岛中西部地区和巴厘岛部分地区停电
2009 年巴西大停电	8700	2009 年 11 月 10 日	巴西 12 个州、首都巴西利亚地区以及邻国巴拉圭的一些地区停电

续表

大停电事故	影响人数/万	日期	事故影响
2015 年土耳其大停电	7000	2015 年 3 月 31 日	在土耳其全国 81 个省中有超过 40 个省受到停电影响
2003 年美加大停电	5500	2003 年 8 月 14 日	美国 8 个州以及加拿大的安大略省的电力中断
2003 年意大利大停电	5500	2003 年 9 月 28 日	意大利全国 20 个大区中 19 个大区发生停电事故
2016 年肯尼亚大停电	4400	2016 年 7 月 7 日	肯尼亚全国大停电
2019 年委内瑞拉大停电	3000	2019 年 3 月 7 日	20 个州遭遇大停电事故，几乎整个电网瓦解
2015 年乌克兰大停电	140	2015 年 12 月 23 日	乌克兰至少 3 个区域的电力系统遭到网络攻击，伊万诺-弗兰科夫斯克地区部分变电站的控制系统遭到破坏
2016 年南澳大停电	80	2016 年 9 月 28 日	南澳州电网全停

随着经济社会的迅速发展，我国电力系统规模不断扩大，全国总发电量逐年稳步提高。中国电力企业联合会公布的数据显示，2020 年全国总用电量达 75110 亿 kW·h，同比增长 3.1%，"十三五"时期全国总用电量年均增长 5.7%。2021 年全国总用电量相比 2020 年增长了 10.3%。全国总用电量逐年提高的同时，我国电网的规模也越来越大，跨省、跨区域电网互联和送电规模也在不断扩大，我国将实现全国联网，形成统一的电力系统。中国电力企业联合会公布的数据显示，2020 年，全国完成跨区送电量 6130 亿 kW·h，同比增长 13.4%，各季度增速分别为 6.8%、11.7%、17.0%、15.3%。全国跨省送电量 15362 亿 kW·h，同比增长 6.4%，各季度增速分别为-5.2%、5.9%、9.9%、12.3%。随着"西电东送，全国联网"格局逐渐形成，我国电网各个子系统之间的联系越来越紧密，若局部子系统的故障处理不当，极有可能导致故障范围扩大，波及相邻子系统，甚至造成大面积停电事故，给国民经济和人民生活造成巨大的影响。

危机专家承认，"一次大停电，即使是数秒钟，也不亚于一场大地震带来的破坏"。随着社会经济的不断发展，现代社会对电力供应的依赖性越来越大，一旦发生停电事故就会造成巨大的社会影响和经济损失，甚至危及国家安全。电力系统结构的日益加强，保护设备和装置的不断改进，从一定程度上提高了电力系统的安全性和稳定性，但也只能从某种程度上减小大停电事故发生的概率。由于设备和经济等方面条件的限制，从根本上说，大停电事故无法完全避免。因此，对大停电事故后电网的黑启动研究具有重要的意义。

大停电事故发生后，科学合理的恢复方案能在加快系统恢复进程的同时，大幅度地减少大停电事故所造成的损失；反之，则可能延误恢复进程，扩大事故范围，甚至造成更加严重的后果。例如，瑞典在 1983 年 12 月的大停电事故中，事先制定的分层自动或半自动恢复原则对恢复过程的顺利进行起到了极其重要的作用。1982 年 8 月意大利大停电事故中，南部电网通过事先制定的完善的恢复措施，只用不到 40min 就完全恢复了供电；在 2003 年 9 月的全系统停电事故中，只用 4h 就恢复了主要地区的供电。海南电网"9·26"大停电事故中，通过紧急启动黑启动预案成功地实现了系统的快速恢复。反观美加"8·14"大停电事故，其恢复过程多次因计划不周、调度不当导致恢复方案执行中断，大大延误了恢复进程，事故发生 12h 后，纽约等市区才陆续恢复供电，29h 后主要停电区域恢复供电。

国内外电力系统的实际运行经验表明，新技术和新设备的应用，虽然能在一定程度上和一定范围内提高系统的安全性与可靠性，但由于电网的复杂性和新能源发电的不确定性，仍无法从根本上避免大停电事故的发生。因此，做好电网停电事故发生后的处理预案和电网崩溃后的恢复方案具有十分重要的意义。

1.2　电力系统停电恢复的阶段划分

电力系统停电恢复是一个多目标、多约束、多时间尺度的复杂恢复过程，根据各阶段不同的恢复目标，可以将恢复过程分成三个阶段：准备阶段、系统恢复阶段、负荷恢复阶段[10]。

1.2.1　准备阶段

准备阶段主要包括三个任务：黑启动电源选择[11]、分区优化[12]及恢复策略确定。其中，如何获得最优分区方案是准备阶段中最复杂、最重要的任务。

1. 黑启动电源选择

黑启动电源根据是否位于停电系统内部可以分为内部电源和外部电源。其中，内部电源主要包括系统内具有自启动能力的机组、带电孤岛及并网型分布式电源，其可用性强且支持并行恢复；外部电源主要包括系统间交、直流联络线，其支撑能力强、恢复速度快、稳定性高。在根据实际恢复场景选择黑启动电源时主要考虑以下五种因素：

(1)优先选择调节性能好、启动速度快、具备进相运行能力的机组；

(2)优先选择直调电厂作为黑启动电源，其次选择用户电源；

(3)优先选择接入高电压等级的电厂；

(4)优先选择有利于快速恢复其他电源的电厂；

(5)优先选择距离负荷中心近的电厂。

2. 分区优化

将大规模停电系统分成多个分区(子系统),利用各分区内部电源或外部电源并行恢复,选择合适时机进行分区间的并列与合环,进而完成全网恢复,可以有效提升系统恢复效率,减少停电负荷损失。大规模电力系统的分区并行恢复主要有以下优点:①简化恢复方案,提高恢复方案的可行性和可靠性;②限制各种不利因素的影响范围,保障系统恢复安全进行;③提高系统恢复效率[13]。

为了提高恢复策略的可靠性,系统分区需要满足以下要求:

(1)每个分区内至少包含一个黑启动机组,为系统恢复提供初始电力供应,以完成输电线路充电、非黑启动机组启动、重要负荷恢复;

(2)确保各分区内的系统机组容量与负荷基本平衡,以避免因有功功率过剩或不足导致系统频率偏移;

(3)分区内应具有足够的无功功率,以维持电压稳定;

(4)分区之间的联络线上应装设监控装置,用于系统同步时检测不同分区间的相位差。

在实际工程应用中,国内各区域电网通常采用固定分区法[14,15]进行子系统的划分。中国南方电网[16]、国网天津市电力公司[17]、国网山东省电力公司[18]都是在满足上述基本原则的前提下,依据地理位置、行政区划以及黑启动电源的分布进行事先划分。固定分区法缺乏理论基础,分区方案受人为因素影响较大,不能得到灵活适应停电系统结构的系统分区方案。

在理论研究中,文献[19]通过广域测量系统实现对各分区的详细观测,以确保系统快速、安全恢复。文献[20]通过有序二元决策图将系统分区问题转化为布尔函数决策问题,并通过仿真对分区方案进行暂态稳定性分析,以确保分区方案的可行性。文献[21]提出一种基于复杂网络社团结构理论的分区方法,利用模块度指标评价分区结果,根据各分区分裂出的前后顺序确定子系统之间的同步顺序。文献[22]将非归一化谱聚类算法与最短路径算法结合,缩短恢复路径长度,减少分区间连接点数量,有利于降低分区同步难度,增大分区策略的可靠性。

3. 恢复策略确定

根据系统拓扑结构(包括自启动能力、电压等级、负荷分布)和恢复优先级确定恢复策略,包括向下恢复、向上恢复、向内恢复、向外恢复、共同恢复、重要电源优先恢复等恢复策略[23]。其中,最常用的恢复策略是向下恢复和向上恢复。向下恢复是一种自上而下的恢复策略,适用于当系统规模较小、黑启动机组容量相对充足时,首先依靠黑启动机组为整个系统充电恢复并维持其稳定,然后逐步恢复机组及负荷;向上恢复是一种自下而上的恢复策略,当系统规模较大、黑启动机组容量相对不足时，首先为部分恢复路径充电以便恢复机组和重要负载，然后逐步恢复整个系统。大多数系统因黑启动机组无法为整个系统充电并维持系统稳定而选择自下而上的向上恢复的恢复策略。在向上恢复的恢复策略中，通常会先将停电系统分为几个含有黑启动机组的子系统，通过并行恢复缩短恢复时间，从而提高恢复效率。

1.2.2 系统恢复阶段

系统恢复阶段是指在完成系统分区之后，恢复过程将在所有分区内同时进行，根据已确定的恢复顺序恢复输电线路、非黑启动机组以及重要负荷，逐步扩大恢复范围[24]。该阶段主要研究内容包括最优目标网架的确定、网架重构路径的选择、停电机组恢复顺序的确定等。

最优目标网架的确定通常以优先恢复尽可能多的重要负荷[25-29]、重构时间最短[26,30]、重构风险最小[27,31]等为优化目标建立模型，遗传算法、差分进化算法、粒子群优化算法等智能算法是较为常见的求解模型的算法。网架重构路径的选择和黑启动路径的选择相似，通常基于优化思想，以寻找最短的加权送电路径[28,32]、网架重构过程中单位时间机组发电量最大[29,30,33,34]、网架重构效率最高[31,35]等为优化目标，同时综合考虑连通性约束、稳态潮流约束、过电压约束、自励磁约束等，结合最短路径算法与智能算法求解模型确定网架重构的最优路径。早期停电机组恢复顺序通常通过专家系统确定[32-34,36-38]，近年来，启发式算法和智能算法[35-37,39-41]也被应用到停电机组恢复顺序的研究中。为了保证网架重构的顺利进行，这一阶段需要恢复一定量的负荷平衡机组出力，稳定系统电压。

1.2.3 负荷恢复阶段

1. 负荷恢复优化

负荷恢复作为系统恢复的根本目的贯穿于整个恢复过程，负荷恢复优化能够加速系统重构，减少停电损失，提高系统恢复效率，因此研究黑启动机组的负荷恢复具有重要意义。

电力系统停电恢复过程中的负荷恢复可以分成两个阶段：第一个阶段是电网恢复初期，网架未完全重构，为了保证系统的稳定对某些必要负荷进行恢复；第二个阶段是网架重构完成后，发电机均已并网启动，此时负荷开始全面恢复。

电网恢复初期，已恢复系统较为薄弱，此时系统恢复的前提是保证电网的稳定，因此需要恢复一定量的负荷以平衡已经并网的机组的出力，该阶段负荷恢复是保持系统稳定的重要控制手段，这一动态过程关注的重点是，在恢复负荷的作用下较为薄弱的系统能否保持稳定，与电网恢复后期负荷恢复的目的不同，因此负荷全面恢复阶段的优化策略在这一阶段并不适用。目前，国内外对这一阶段负荷恢复的研究还比较少，但是为了保证电网恢复过程中的安全稳定，对这一阶段负荷恢复的研究十分必要。对这一阶段负荷恢复的研究要从全局的角度出发，考虑机组、线路与负荷恢复之间的协调问题，建立相关的模型。

在机组全部启动，主要线路全部恢复后，系统进入全面负荷恢复阶段，该阶段主要研究如何在满足系统安全约束的前提下优化负荷恢复方案，负荷恢复的模型通常以总负荷恢复量最大为目标，考虑潮流、频率、节点电压等约束条件，利用已恢复机组在保持系统电压、频率、线路传输功率安全的情况下，尽快恢复更多负荷[38,39]，完成各分区并网，降低停电损失。在该阶段，需要根据各负荷的位置、重要度[40]，以及因自动控制类负荷投入造成的冷负荷恢复问题[41,42]对负荷恢复顺序、恢复量[43,44]进行优化，尽量降低因负荷投入对频率和电压造成的影响[45,46]，避免低频减载或低压减载动作，保证系统安全恢复。大规模的负荷投入过程中还伴随系统内机组、变电站和线路的恢复，应注意负荷恢复过程中恢复操作的协调控制[47,48]。

2. 子系统并列与合环

在各分区内的主力机组启动后，需要选择合适时机完成各分区并列操作，进而形成完整系统[49]。子系统之间的并列操作只能采用准同期的方式且必须满足电压差、频率差和相角差三个并列条件，其基本原则如下：

(1) 为了避免轻载系统内机组逆功率运行，应使负荷水平较低子系统的频率高于负荷水平较高子系统的频率；

(2) 为了提高调控效率、降低调控代价，优先调控较小容量系统侧的频率；

(3) 优先选择通过投入重要负荷来降低子系统的频率。

1.3　电力系统停电恢复过程中的技术问题

电力系统大停电事故后的恢复过程中涉及的各类机组重启、空载线路充电及各类设备投切将会对已恢复系统的电压、频率稳定造成不利影响。2005 年 9 月 26 日海南电网大停电后的黑启动过程中，响水电站送出线路因电压过高而跳闸；1982 年 12 月 14 日加拿大魁北克系统一条 735kV 变压器支路空载充电过程中发生了谐振过电压事故。电力系统停电恢复的安全问题主要包括有功功率平衡和频率控制、无功功率平衡和电压控制、继电保护和安全自动装置整定、大型辅机启动对系统电压和频率的影响以及系统并列与合环等。

系统恢复初期，空载长架空线路及地下电缆的充电恢复过程可能会引起包括自励磁现象、持续工频过电压、操作过电压及铁磁谐振过电压在内的过电压问题。

架空线路及地下电缆因对地电容效应，其恢复过程相当于容性无功电源。系统恢复初期，如果没有足够的感性无功负荷对大量容性充电无功进行平衡，将会造成系统电压水平升高，影响电力系统停电恢复的安全进行。其中，电压升高现象在空载线路末端表现最为明显。常用的控制手段有通过控制发电机、补偿装置等设备来吸收线路产生的无功功率；调整机组端电压、改变变压器分接头位置；投入并联电抗器、恢复滞后功率因数的负荷等。

在系统恢复中期，系统恢复涉及大量的线路投切操作，特别是在超高压及特高压输电网架的恢复过程中，空载及轻载长架空线路的充电恢复过程会产生大量的无功功率，造成系统电压水平升高。

为了保证电力系统停电恢复过程安全进行，本节将介绍电力系统停电恢复中常见的安全问题及其处理方法，包括空载线路和变压器充电时可能发生的发电机自励磁和过电压问题、大容量负荷投入引起的暂态频率问题。

1.3.1 自励磁

黑启动机组带空载线路启动非黑启动机组或负荷时，相当于机组带容性负荷。当容性负荷达到某一数值时，发电机剩磁在机端产生的微小电压 U_t 加在容性负荷上将会产生容性电流，该容性电流会对发电机产生助磁效应。随着励磁电流增大，助磁效应增强，U_t 升高，容性电流增大，助磁效应继续增强，U_t 继续升高，从而产生机端电压自发增大、越来越高的现象，称为自励磁现象[50,51]。同步发电机自励磁的本质是发电机定子电感的周期性变化与外电路容抗参数配合时发生的参数谐振[52]。

1.3.2 过电压

在系统恢复过程中，选作黑启动机组的抽水蓄能电厂或者水力发电厂与选作非黑启动机组的火电厂通常相隔较远[53]，充电路径比较长且电压等级较高，容易造成系统过电压问题[54,55]。一般情况下，黑启动过程中的过电压问题由工频过电压和操作过电压构成。

1) 工频过电压

工频过电压是指电力系统在正常运行或发生故障时，出现的幅值高于系统最高工作电压、频率接近或等于工频的过电压问题，通常是由空载长线路的电容效应造成的[56]。电容效应是指在电感和电容的串联回路中，当容抗大于感抗时，线路中流过的容性电流会使容抗上的电压大于电源电动势，从而导致线路末端电压升高的现象。除超高压及特高压远距离输电系统外，工频过电压具有稳态性质且其幅值较小，一般情况下其对电力系统中的电气设备影响较小。

2)操作过电压

电力系统在操作或故障所引起的过渡过程中，可能会产生比额定电压大数倍的电压，即操作过电压。操作过电压的幅值通常很高，但持续时间较短，具有高频振荡、强阻尼的特点。

过电压规程限值如下：

1)工频过电压限值

（1）对于电压等级大于 252kV 的高压电力系统，在输电线路断路器的变电所侧母线电压不得超过系统最大运行相电压的 1.3 倍；在输电线路断路器的线路侧电压不得超过系统最大运行相电压的 1.4 倍。

（2）对于电压等级为 110kV 和 220kV 的电力系统，整个电力系统中的工频过电压不得超过系统最大运行相电压的 1.3 倍。

2)操作过电压限值

操作过电压中的能量由电力系统自身提供，因此操作过电压的幅值和系统正常运行时的电压幅值成正比。在实际中，通常把系统正常运作时最大的相电压幅值作为基准电压，用过电压的幅值与基准电压的比值来表示过电压的程度。操作过电压保护规程见表 1.2。

表 1.2　操作过电压保护规程

电压等级/kV	接地情况	允许最大过电压倍数
30～65	非直接接地	4
110～145	非直接接地	3.5
110～220	直接接地	3
330	直接接地	2.75
500	直接接地	2 或 2.2

1.3.3　暂态频率

系统恢复初期的主要任务是尽快启动黑启动电源，按照事先制定的恢复方案恢复黑启动路径并向无自启动能力的大容量火电机组供电，以尽快启动待启动机组。国内外理论研究和众多区域电网现场黑启动试验的实际经验表明，该阶段最主要的技术问题是大型火电机组的大型辅机启动时造成的系统频率、电压的大幅下降[57,58]。大型火电机组的大型辅机容量较大且多为感应电动机，启动电流较大，会对系统恢复初期弱电源、弱联系的已恢复系统造成较大冲击。当频率、电压下降过大时，可能引起发电机跳闸，导致系统恢复过程失败。因此，必须对电力系统停电恢复过程中感应电动机投入时对系统频率的冲击程度进行校验。

1.4　能源互联电网发展对停电恢复控制技术提出的新要求

传统的电力系统停电恢复控制主要是利用黑启动电源自启动，再逐步恢复其他不能自启动的大型常规发电机组[59,60]，如图 1.1 所示。由于燃油机组、水电机组无须通过外部电源即可自启动，所以燃油机组、水电机组是电网恢复研究中最为常见的黑启动电源。由于火电机组的辅助设备需要非常大的启动功率，所以不能自启动的机组主要是火电机组。

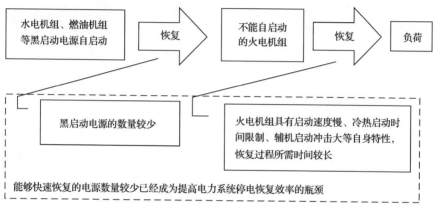

图 1.1　传统电力系统停电恢复方式及存在问题

现有停电恢复研究的重点在于协调控制不同类型电源的恢复顺序，最大化停电系统的恢复速度。然而由于受地理位置和机组容量的限制，在区域电网中黑启动电源的数量较少，在很多地区的电网中仅配有少量抽水蓄能电站作为黑启动电源。不具备自启动能力的火电机组具有启动速度慢、冷热启动时间限制、辅机启动冲击大等自身特性，恢复过程所需时间较长。通过协调控制机组启动顺序已经难以进一步提高停电系统恢复的效率。进一步加快停电系统恢复的关键在于增加能够快速启动和恢复的电源数量，增加在热启动时限内启动的火电机组数量。由此，电力系统停电恢复过程中能够快速恢复的电源数量较少已经成为提高电力系统停电恢复效率的瓶颈。

近年来，大规模风电的接入、多条跨区直流输电线路的投入运行，使得电力系统发展为能源互联系统。在能源互联系统中包括了多种新型电源，主要有高压直流(high voltage direct current, HVDC)输电系统、快速切回(fast cut back, FCB)机组、新能源发电机组等。这些电源具备自启动特性或快速被启动特性，具备 FCB功能的火电机组具有黑启动容量大、启动速度快、可以随时恢复外部电网的特点，能够在电网停电后快速调整运行状态，维持发电机在低负荷状态下运行。HVDC

输电的受端电网停电不会影响送端电网的运行，调速快、可控性强，故在电网恢复过程中，HVDC 输电系统可以作为受端电网的电源。当新能源参与系统恢复时，可以立即接入电网，快速为停电电网提供功率支持。如果能够在恢复过程中利用这些新型电源作为黑启动电源或快速恢复的被启动电源，将能加快停电系统的恢复速度。同时，由于 FCB 机组、HVDC 输电系统和新能源发电机组等电源具备自身的启动特性，所以在应用于停电系统恢复过程时需要根据其特性制定相应的恢复策略。

1.4.1　FCB 机组

当电网发生严重故障时，火电机组一般会进入三种状态之一：第一种状态是机组停机停炉；第二种状态是机组停机不停炉；第三种状态是机组不停机不停炉，一般情况下将机组主开关跳闸后能够进入第三种状态的功能称为火电机组的 FCB 功能。具体来说，FCB 是指火电机组在电网或线路出现故障，而机组本身运行正常的情况下，机组主变开关跳闸，不联跳汽机和锅炉，汽机保持 3000r/min 运行，锅炉快速减少燃料量，高、低压旁路快速开启，实现机组仅带厂用电的孤岛运行[61]。火电机组的 FCB 功能不仅有助于事故情况下机组安全停机，保护机组安全，延长设备寿命，降低运行成本，而且可以使发电机具备解列后带厂用电孤岛运行的能力，为以后恢复电网供电做准备，以随时为其他电厂机组提供启动电源，有利于降低电网事故损失，为加快电网恢复提供保证。

传统的黑启动机组一般为水电机组或者燃气机组，水电机组不需要外部电源供电，只需柴油机控制水门打开，即可实现水轮机转动带动发电机发电以完成自启动过程，但是水电机组受地形限制较大。燃气轮机虽然也不需要外部电源供电，但容量较小，难以带动整个电网恢复，因此一旦发生电网故障，受传统黑启动机组的限制可能会导致系统恢复时间较长。如果在电网大停电事故时能保留部分电源点，即可避免系统中必须通过水电机组等黑启动电源恢复才能恢复电网的被动局面，FCB 机组可以作为热备用电源立即向外供电，并逐步启动停电机组，使电网恢复供电[62,63]。

由于 FCB 机组在电网停电时能够保持稳定运行，可以作为黑启动电源。当电网中存在水电机组和多个 FCB 机组时，可以根据电网中黑启动电源数量将电网划分成相应数量的分区，以各分区内黑启动电源为起点同时恢复各分区，使得同一时间内并行启动多台机组，可以大大加快系统恢复进程[64,65]。

1.4.2　HVDC 输电系统

由于能源资源与负荷中心分布不均衡，我国需要建设大规模远距离的电能输送通道，以实现大规模能源资源的集约化开发和全国范围内的资源优化配置[66]。HVDC 输电具有较高的经济性和较好的控制性能，被越来越多地应用于远距离输电。具体来说，输送相同的功率，HVDC 输电在线路走廊、铁塔高度、占地面积等方面具有更大的优势，直流输电导线数量较少，因此有功损耗较少，同时，由于直流线路没有感抗和容抗，在线路上也就没有无功损耗，此外电晕损耗和无线电干扰也较少。我国从 20 世纪 50 年代开始从事 HVDC 输电的研究，20 世纪 80 年代末以来，HVDC 输电技术的研究与应用取得了突飞猛进的发展，至今投运的 HVDC 输电线路已有十余条[67]。截至 2020 年底，我国已经建成投运了 16 条直流特高压输电线路，其中国家电网 12 条，南方电网 4 条。

HVDC 输电主要包括换流变压器、换流器、平波电抗器、交流滤波器、直流避雷器及控制保护设备等，主要工作原理是：将送端电网的高压交流电经换流变压器变压，并经换流器转换为高压直流电，由输电线路输送至另一端换流站，再由换流器将高压直流电转换成高压交流电，最后由换流变压器与受端电网相连，HVDC 输电的输电转换方式为交流—直流—交流。

HVDC 输电能够使两端电网非同步运行，受端电网的大停电不会引起送端电网的大停电。在受端电网恢复过程中，可以利用 HVDC 输电为受端电网提供功率支持。除此之外，它还具有输送功率大、启动和调速快、可控性强等优点[68]。直流输电通过晶闸管换流器能够方便、快速地调节有功功率和实现潮流翻转，调节速度快，运行可靠。因此，HVDC 输电可以快速地为受端系统提供大的功率支持，加快系统的恢复速度。

因此，HVDC 输电参与受端电网的恢复会带来很多好处。在电网恢复过程中，利用直流输电的电网恢复技术，充分发挥 HVDC 输电在输送容量、调节速度等方面的优势，对加速大停电事故后受端电网负荷恢复、提高黑启动过程中电网稳定性等将起到积极的作用。

1.4.3 新能源发电机组

随着全球能源日益紧张和排放压力日益增大，新能源因其具有可再生和无污染的特点获得了世界各国的关注，发展新能源已成为我国乃至世界能源战略的主流，以风电和光伏发电为代表的新能源发电占比越来越高[69]。近年来，风电的单机容量越来越大，随着技术的发展，风电效益也越来越高，光伏发电的最大功率点跟踪技术和光伏并网逆变器技术也取得了较大的突破。

我国的风力资源十分丰富，仅次于美国和俄罗斯，风电机组结构包括机舱、转子叶片、轴心、低速轴、齿轮箱、高速轴及其机械闸、发电机、偏航装置、电子控制器、液压系统、冷却元件、尾舵等，其工作原理是，利用风力带动风车叶片旋转，再通过增速机提升风车叶片旋转的速度，以促使发电机发电。风电技术成熟、可靠性高、成本低且规模效益显著，是目前发展最快的新型能源。光伏发电系统主要由太阳能电池板(组件)、控制器和逆变器三大部分组成，根据光生伏特效应原理，利用太阳能将光能转化为直流电能，直流电能经 DC/AC (直流/交流)变换电路转化为并网交流电能。由于光伏发电系统主要由电子元器件构成，不涉及机械部件，所以光伏发电设备极为精炼、可靠稳定、寿命长、安装维护简便。但是和风电相比，光伏发电受黑夜、阴天影响，发电成本更高，功率也较低，因此本书后续针对新能源发电的研究主要以风电为例。

风电机组凭借其清洁、可再生、环境效益好、装机规模灵活等优点在电力系统运行与调度中得到广泛应用[70,71]。在电网恢复过程中，和普通火电机组相比，风电场在恢复供电后，风电即可接入电网，无须预热也不受机组冷热启动时间限制，可以快速为停电电网提供功率支持，因此在电网恢复时考虑风电机组的参与可以提高系统恢复的效率。

1.4.4　不同类型电源的适用范围

全系统停电或区域性大面积停电后，由于恢复过程较长且操作较为复杂，通常将整个恢复过程分为三个阶段：准备阶段、网架重构阶段和负荷恢复阶段[72,73]。

准备阶段通常持续 30～60min，该阶段的主要任务是获取系统状态和确定恢复策略，调度中心需要评估停电系统的状态和操作人员的位置，然后根据收集到的信息，特别是设备的可用程度，尽可能快地确定恰当的输电网络重构策略和负荷恢复策略，同时启动具有自启动能力的黑启动电源。黑启动电源可以是水力发电机组、柴油发电机组、燃气轮机以及 FCB 机组。如果系统中含有多个黑启动电源，可以同时启动，使其恢复发电能力，将停电系统划分为多个子系统，实现并行恢复。

网架重构阶段一般持续 3～4h，该阶段的主要任务是通过启动发电机组重构系统的主要网架。黑启动电源向无法自启动的机组提供启动功率，使其恢复发电能力，重新并入电网，同时恢复主要输电线路，形成稳定的输电网络构架，实现各个子系统之间的互联，为下一阶段大量恢复负荷创造条件。为了保证网架重构阶段系统的功率平衡和电压稳定，此阶段也需要恢复部分负荷。

负荷恢复阶段一般持续 10～12h，该阶段机组已经全部恢复，骨干网架已经形成，该阶段的主要任务是尽快恢复尽可能多的负荷以减少损失，该阶段投入负荷时需要在考虑系统频率和电压的前提下优化负荷投入方案。

系统恢复的各个阶段的主要目的和任务均不相同，因此需要解决的主要技术问题也不同，不同类型的新型电源根据其特性各有其适用的阶段。不同类型新型电源的特性及适用阶段如表 1.3 所示。

表 1.3　不同类型新型电源特性及适用阶段

新型电源类型	能否自启动	被启动特性	启动速度	适用阶段
FCB 机组	能	—	快	准备阶段
HVDC 输电系统	不能	输送功率大、启动和调速快、可控性强	快	网架重构阶段
风电机组	不能	无须预热、启动功率小、调速快、控制灵活、具备一定功率控制能力	快	负荷恢复阶段

FCB 机组能在电网故障后孤岛运行，并立即参与电网恢复，因此其能够在准备阶段根据 FCB 机组和传统黑启动电源数量对停电系统进行划分，划分后的各子系统可以并行恢复，提高恢复效率。

目前，跨区送电的大容量远距离直流输电主要是采用电网换向换流器(line commutated converter，LCC)的 HVDC 输电，无自启动能力，需要受端电网恢复其电源时才能启动，但是其输送功率大、启动和调速快、可控性强，在系统网架重构阶段考虑 HVDC 输电能够为机组恢复过程中相对薄弱的交流电网提供大容量的有功功率支撑，可以加快整个系统的恢复速度。

由于风电出力具有波动性，会对已恢复系统产生冲击，虽然风机限功率控制技术的提高能够抑制部分风电出力波动，但从系统安全的角度，其更适用于系统鲁棒性较好的负荷恢复阶段。恢复风电机组可以增加系统可恢复的负荷量，同时，风场独立的无功控制功能可以优化已恢复系统的电压分布，增大已恢复系统的电压稳定性。

1.4.5　新型多样化电源对能源互联电网停电恢复的新要求

电力系统中接入了大量新型多样化电源，如 FCB 机组、HVDC 输电系统、新能源机组等，多样化电源具有启动速度快、调节能力强等优势，能够提高停电电力系统的恢复效率，但由于不同类型电源存在各自的特性，能源互联电网停电恢复控制面临新的技术挑战，对停电恢复技术提出了新的要求，具体表现在如下三个方面：

(1)在准备阶段，需要将分区从静态分区提升为动态分区。FCB 机组或新能源发电，将在停电系统中形成带电孤岛，停电系统需要根据残留孤岛重新划分分区，加快停电系统的恢复速度。

(2)在网架重构阶段，需要更为快速的恢复路径优化决策技术。黑启动电源数量和电源出力的不确定性，使恢复路径需要根据电源数量和电压出力快速调整，而传统的离线制定恢复路径方案在线匹配的方法难以适用于含新能源的电力系统。

（3）在负荷恢复阶段，需要考虑不确定性的动态恢复决策方法。电力系统中大量新能源的出现将使电源出力和负荷恢复量出现不确定性，影响恢复过程的安全性。在负荷恢复决策中，需要同时兼顾电源不确定性和负荷出力不确定性，保证恢复过程的安全。

因此，研究能源互联电网停电恢复控制技术，对提高电力系统停电恢复的效率，减小停电损失具有重要意义。

参 考 文 献

[1] 赵鹏飞. 考虑不确定性的互联电网电力流向及规模研究[D]. 北京: 华北电力大学, 2019.

[2] 朱介北, 周小尧, 曾平良, 等. 英国交直流输电网规划方法及对中国电网规划的启示[J]. 全球能源互联网, 2020, 3(1): 59-69.

[3] 张馨. 面向全球能源互联网的跨国电网投资风险评价体系研究[D]. 北京: 华北电力大学, 2018.

[4] 宋新甫, 戴拥民, 赵志强, 等. 全球能源互联电网发展的规划技术框架及研究方向[J]. 电工技术, 2018, (9): 7-10.

[5] 代毅. 关于大规模互联电网的连锁故障问题分析[J]. 企业改革与管理, 2017, (13): 214-215.

[6] 李再华, 白晓民, 丁剑, 等. 西欧大停电事故分析[J]. 电力系统自动化, 2007, 31(1): 1-3, 32.

[7] 李春艳, 孙元章, 陈向宜, 等. 西欧"11·4"大停电事故的初步分析及防止我国大面积停电事故的措施[J]. 电网技术, 2006, 30(24): 16-21.

[8] 林伟芳, 汤涌, 孙华东, 等. 巴西"2·4"大停电事故及对电网安全稳定运行的启示[J]. 电力系统自动化, 2011, 35(9): 1-5.

[9] 刘宇, 舒治淮, 程道, 等. 从巴西电网"2·4"大停电事故看继电保护技术应用原则[J]. 电力系统自动化, 2011, 35(8): 12-15, 71.

[10] Adibi M, Clelland P, Fink L, et al. Power system restoration—A task force report[J]. IEEE Transaction on Power Systems, 1987, 2(2): 271-277.

[11] Lindstrom R R. Simulation and field tests of the black start of a large coal-fired generating station utilizing small remote hydro generation[J]. IEEE Transactions on Power Systems, 1990, 5(1): 162-168.

[12] 谭冰雪. 电力系统恢复分区与网架重构方案评估方法研究[D]. 济南: 山东大学, 2012.

[13] 梁海平. 电力系统大停电后分区恢复问题的研究[D]. 北京: 华北电力大学, 2013.

[14] 张其明, 王万军. 陕西电网黑启动方案研究[J]. 电网技术, 2002, 26(4): 42-45, 48.

[15] 陈湘匀. 广州蓄能水电厂作为广东电网黑启动电源的可行方案[J]. 电力系统自动化, 2001, 25(13): 42-44.

[16] 谌军, 曾勇刚, 杨晋柏, 等. 南方电网黑启动方案[J]. 电力系统自动化, 2006, 30(9): 80-83, 87.

[17] 林济铿, 么莉, 孟宪朋, 等. 天津电网黑启动试验研究[J]. 电网技术, 2008, 32(5): 55-58.

[18] 王洪涛, 袁森, 邱夕兆, 等. 遵循 PDCA 循环的山东电网黑启动试验[J]. 电力自动化设备, 2010, 30(2): 145-149.

[19] Nezam Sarmadi S A, Dobakhshari A S, Azizi S, et al. A sectionalizing method in power system restoration based on WAMS[J]. IEEE Transactions on Smart Grid, 2011, 2(1): 190-197.

[20] Wang C, Vittal V, Sun K. OBDD-based sectionalizing strategies for parallel power system restoration[J]. IEEE Transactions on Power Systems, 2011, 26(3): 1426-1433.

[21] 林振智, 文福拴, 周浩. 基于复杂网络社团结构的恢复子系统划分算法[J]. 电力系统自动化, 2009, 33(12): 12-16.

[22] Quirós-Tortós J, Terzija V. A graph theory based new approach for power system restoration[C]. IEEE Grenoble Conference, Grenoble, 2013: 1-6.

[23] Qiu F, Li P J. An integrated approach for power system restoration planning[J]. Proceedings of the IEEE, 2017, 105(7): 1234-1252.

[24] 周云海, 刘映尚, 胡翔勇. 大停电事故后的系统网架恢复[J]. 中国电机工程学报, 2008, 28(10): 32-36.

[25] 魏智博. 黑启动过程中网络重构策略的研究[D]. 保定: 华北电力大学, 2007.

[26] 张雪丽, 梁海平, 朱涛, 等. 基于模糊机会约束规划的电力系统网架重构优化[J]. 电力系统自动化, 2015, 39(14): 68-74.

[27] 张璨. 大停电后网络重构优化策略[D]. 杭州: 浙江大学, 2014.

[28] 刘强, 石立宝, 倪以信, 等. 电力系统恢复控制的网络重构智能优化策略[J]. 中国电机工程学报, 2009, 29(13): 8-15.

[29] 刘艳, 高倩, 顾雪平. 基于目标规划的网架重构路径优化方法[J]. 电力系统自动化, 2010, 34(11): 33-37.

[30] 刘连志, 顾雪平, 刘艳. 不同黑启动方案下电网重构效率的评估[J]. 电力系统自动化, 2009, 33(5): 24-28.

[31] 刘艳, 顾雪平. 基于节点重要度评价的骨架网络重构[J]. 中国电机工程学报, 2007, 27(10): 20-27.

[32] Sakaguchi T, Matsumoto K. Development of a knowledge based system for power system restoration[J]. IEEE Transactions on Power Apparatus and Systems, 1983, (2): 320-329.

[33] Kojima Y, Warashina S, Kato M, et al. The development of power system restoration method for a bulk power system by applying knowledge engineering techniques[J]. IEEE Transactions on Power Systems, 1989, 4(3): 1228-1235.

[34] Liu C C, Liou K L, Chu R F, et al. Generation capability dispatch for bulk power system restoration: A knowledge-based approach[J]. IEEE Transactions on Power Systems, 1993, 8(1): 316-325.

[35] 张志毅, 陈允平, 袁荣湘. 系统重构阶段机组最优恢复次序的模糊多属性决策法[J]. 电工技术学报, 2007, 22(11): 153-157.

[36] 刘崇茹, 邓应松, 卢恩, 等. 大停电后发电机启动顺序优化方法[J]. 电力系统自动化, 2013, 37(18): 55-59.

[37] 朱冬雪, 顾雪平, 钟慧荣. 电力系统大停电后机组恢复的多目标优化方法[J]. 电网技术, 2013, 37(3): 814-820.

[38] Rodriguez J R A, Vargas A. Fuzzy-heuristic methodology to estimate the load restoration time in MV networks[J]. IEEE Transactions on Power Systems, 2005, 20(2): 1095-1102.

[39] 顾雪平, 韩忠晖, 梁海平. 电力系统大停电后系统分区恢复的优化算法[J]. 中国电机工程学报, 2009, 29(10): 41-46.

[40] 孔祥聪. 改进 SFLA 算法在负荷恢复优化中的应用[J]. 湖北民族学院学报(自然科学版), 2015, 33(1): 72-75.

[41] Ancona J J. A framework for power system restoration following a major power failure[J]. IEEE Transactions on Power Systems, 1995, 10(3): 1480-1485.

[42] 刘政, 侯进峰, 肖利民, 等. 河北省南部电网黑启动方案研究[J]. 河北电力技术, 2005, 24(2): 14-16, 37.

[43] Adibi M M, Fink L H. Overcoming restoration challenges associated with major power system disturbances—Restoration from cascading failures[J]. IEEE Power and Energy Magazine, 1989, 4(5): 68-77.

[44] 李常刚. 电力系统暂态频率稳定评估与控制研究[D]. 济南: 山东大学, 2012.

[45] 瞿寒冰, 刘玉田. 网架重构后期的负荷恢复优化[J]. 电力系统自动化, 2011, 35(19): 43-48.

[46] 徐青山. 电力系统故障诊断及故障恢复[M]. 北京: 中国电力出版社, 2007.

[47] 陈彬, 王洪涛, 曹曦. 计及负荷模糊不确定性的网架重构后期负荷恢复优化[J]. 电力系统自动化, 2016, 40(20): 6-12.

[48] 钟慧荣, 顾雪平, 朱玲欣. 黑启动恢复中网架重构阶段的负荷恢复优化[J]. 电力系统保护与控制, 2011, 39(17): 26-32.

[49] 刘连志, 赵灿, 韩振明. 黑启动方案的空载合闸过电压分析与仿真[J]. 河北电力技术, 2009, 28(4): 40-43.

[50] 蔡汉生, 陈喜鹏, 胡玉峰, 等. 发电机自励磁快速验算方法及其应用[J]. 南方电网技术, 2012, 6(2): 66-69.

[51] 田旭, 韩春雷, 张博, 等. 发电机自励磁的判据及现场实例计算分析[J]. 青海电力, 2014, 33(S1): 7-9.

[52] 钟慧荣, 周云海. 同步电机自励磁动态过程仿真[J]. 三峡大学学报(自然科学版), 2006, 28(3): 205-209.

[53] 崔文进, 陆超, 夏祖华, 等. 与长线相联的发电机自励磁仿真与实验[J]. 清华大学学报(自然科学版), 2002, 42(9): 1154-1157.

[54] 李膨源, 顾雪平. 基于神经网络的黑启动操作过电压快速预测[J]. 电网技术, 2006, 30(3): 66-70.

[55] 张文峰, 苏宇, 王宁, 等. 大型火电 FCB 机组空充 500kV 线路试验研究[J]. 电力自动化设备, 2014, 34(11): 168-173.

[56] 梁海平, 王丽莎, 陈国荣, 等. 电网黑启动中 500kV 线路过电压研究[J]. 河北电力技术, 2010, 29(1): 16-18.

[57] 陈小平. 负荷恢复中的稳态频率计算和恢复计划制定[D]. 保定: 华北电力大学, 2007.

[58] 张林国. 电力系统异常运行状态建模与仿真研究[D]. 武汉: 华中科技大学, 2006.

[59] 刘隽, 李兴源, 许秀芳. 互联电网的黑启动策略及相关问题[J]. 电力系统自动化, 2004, 28(5): 93-97.

[60] Stefanov A, Liu C C, Sforna M, et al. Decision support for restoration of interconnected power systems using tie lines[J]. IET Generation, Transmission & Distribution, 2015, 9(11): 1006-1018.

[61] 沈丛奇, 周新雅, 姚峻. 火电机组 FCB 功能及其在电网恢复中的应用[J]. 上海电力, 2007, 20(3): 251-254.

[62] 王家胜, 邓彤天, 冉景川. 火电机组在孤(小)网中的启动及运行方式研究[J]. 电力系统自动化, 2008, 32(21): 102-106.

[63] 金生祥. 机组甩负荷小岛运行对电网的意义[J]. 中国电力, 2002, 35(11): 7-11.

[64] Adibi M, Clelland P, Fink L, et al. Power system restoration—A task force report[J]. IEEE Transactions on Power Systems, 1987, 2(2): 271-277.

[65] 陈彬, 王洪涛, 曹曦. 计及负荷模糊不确定性的网架重构后期负荷恢复优化[J]. 电力系统自动化, 2016, 40(20): 6-12.

[66] 刘振亚, 张启平, 董存, 等. 通过特高压直流实现大型能源基地风、光、火电力大规模高效率安全外送研究[J]. 中国电机工程学报, 2014, 34(16): 2513-2522.

[67] 叶圣永, 王云玲, 唐权, 等. ±1100kV "疆电入川" 特高压直流输电对四川电网安全稳定影响[J]. 电网技术, 2013, 37(10): 2726-2731.

[68] 黄志岭, 田杰. 基于详细直流控制系统模型的 EMTDC 仿真[J]. 电力系统自动化, 2007, 32(2): 45-48.

[69] 丁立, 乔颖, 鲁宗相, 等. 高比例风电对电力系统调频指标影响的定量分析[J]. 电力系统自动化, 2014, 38(14): 1-8.

[70] Ummels B C, Gibescu M, Pelgrum E, et al. Impacts of wind power on thermal generation unit commitment and dispatch[J]. IEEE Transactions on Energy Conversion, 2007, 22(1): 44-51.

[71] Lowery C, O'Malley M. Impact of wind forecast error statistics upon unit commitment[J]. IEEE Transactions on Sustainable Energy, 2012, 3(4): 760-768.

[72] Fink L H, Liou K L, Liu C C. From generic restoration actions to specific restoration strategies[J]. IEEE Transactions on Power Systems, 1995, 10(2): 745-752.

[73] Quirós-Tortós J, Panteli M, Wall P, et al. Sectionalising methodology for parallel system restoration based on graph theory[J]. IET Generation, Transmission & Distribution, 2015, 9(11): 1216-1225.

第2章 能源互联电网停电恢复的基本原则

2.1 概　　述

为了应对突发的大停电事故，各省级以上电力调度机构管辖范围内的电力系统往往需要提前准备黑启动方案。在制定黑启动方案前，需要制定黑启动方案的技术原则以指导黑启动方案的制定。本章结合现有电网黑启动方案的技术原则，总结在能源互联电网背景下的电网黑启动技术原则。

2.2 总　体　原　则

2.2.1 总体要求

电力系统的黑启动应首先确定停电系统的地区、范围和状况，然后依次确定本区内电源或外部系统帮助恢复供电的可能性。确认完毕后，尽快按照黑启动方案恢复系统。

制定黑启动方案应根据电网结构的特点合理划分区域，各区域必须具有 1 台或 2 台具备自启动能力的电源，并合理分配。电网的分区方案需要随着电网的建设和技术的发展进行调整。

系统的黑启动方案应能够适合本系统的实际情况，要能够快速有序地实现电源和负荷的恢复。恢复方案中应包括组织措施、技术措施、恢复步骤和恢复过程中应注意的问题，其保护、通信、远动、开关和稳定控制装置均应满足自启动和逐步恢复其他线路、电源和负荷供电的特殊要求。

在恢复过程中应注意有功功率、无功功率的平衡，防止发生电压和频率的大幅度波动，必须考虑系统恢复过程中的稳定问题，合理投入继电保护和安全自动装置，防止误动而中断或延误系统恢复。

2.2.2 黑启动电源选择原则

1. 黑启动电源的选择

（1）黑启动电源分为三种：系统内具有自启动能力的机组、未停电的孤岛和系统外电源。优先选择系统外电源作为黑启动电源。

(2)黑启动电源的选择应综合考虑以下因素：①尽量选择距离直流换流站近的机组，如水力发电机组（含抽水蓄能）、大型柴油发电机组，便于直流输电启动；②尽量选择调节性能好、启动速度快、具备进相运行能力的机组；③优先选用直调电厂作为黑启动电源，其次选用用户电源；④尽量选择接入较高电压等级的电厂；⑤优先选择有利于快速恢复其他电源的电厂；⑥优先选择距离负荷中心近的电厂。

2. 黑启动电源的确定

(1)黑启动电源应由系统最高调度机构依据相关试验统一确定；
(2)对于确定的黑启动电厂，其现场运行规程应含有黑启动的相关内容。

2.2.3　调频电厂选择原则

调频电厂选择原则如下：
(1)在直流换流站启动运行后，选择直流换流站作为调频电源；
(2)具有足够的调频容量，以满足系统负荷增、减最大的负荷变量；
(3)具有足够的调整速度，以适应系统负荷增、减最快的速度需要；
(4)出力的调整应符合安全和经济运行的原则；
(5)在系统中所处的位置及其与系统联络通道的输送能力。

2.2.4　子系统划分原则

各级调度应将电网划分成若干可黑启动的子系统，各子系统可同时进行黑启动操作，以加速全系统的恢复。每个子系统都应确定一个主网架，包括子系统内的黑启动电源、主要发电厂、枢纽变电站和重要负荷。子系统划分原则如下：
(1)根据电网结构的特点和黑启动电源所在电网的位置合理划分子系统；
(2)各子系统至少具有 1 个黑启动电源；
(3)划分时应充分考虑直流换流站的特点；
(4)各子系统应具有较好的调频、调压手段；
(5)各子系统间应具有明确、可靠的同期并列点。

2.2.5　直流换流站启动原则

直流换流站启动前，其周边电网应已经恢复到一定强度，能够承受直流输电系统启动时对周边电网的电压冲击和功率冲击，确保直流系统顺利启动，避免已恢复电网的再次停电。直流换流站启动原则如下：
(1)直流换流站启动前，换流站接入点短路容量应大于 14 倍的最小滤波器组容量，短路容量与直流启动功率比应不小于 8；

(2)直流换流站初始启动功率应尽可能小，避免直流有功功率对周边电网的冲击；

(3)直流滤波器应投入最少组，且在滤波器投入瞬间注意电压波动情况，应充分利用已恢复电网中的电抗器，将电压控制在允许范围内；

(4)应确保直流换流站站用电的可靠恢复，做好站用电的冗余配置；

(5)在直流换流站启动时，应做好直流送端和直流受端相互配合，制定好启动方案；

(6)应预先制定直流换流站与周边电网保护控制协调配合方案，确保直流换流站顺利启动。

2.2.6　电网黑启动路径选择原则

电网黑启动路径选择应综合考虑以下原则：

(1)应能在尽量短的时间内以最少的操作步骤恢复系统供电；

(2)应尽快恢复直流换流站附近电网路径，快速启动直流换流站；

(3)应尽量减少不同电压等级的变换；

(4)应距离下一个电源点最近，以尽快恢复本地区电网的主力电厂，建立相对稳定的供电系统；

(5)应便于主网架的快速恢复；

(6)送电路径优先考虑重要负荷的恢复。

2.2.7　负荷恢复原则

负荷恢复应考虑以下原则：

(1)黑启动过程中，负荷应当在调度的统一指挥下按轮次有序恢复。应首先恢复各级电网调度机构生产用电、核设施的安全用电、地区主力电厂启动用电。在地区黑启动电源容量允许条件下，按照用电负荷重要性，优先恢复通信设施、重要厂矿企业等的用电。

(2)在负荷的恢复过程中，频率和电压控制仍需遵守电网调度规程的规定，其恢复系统应留有一定的旋转备用容量，旋转备用容量一般不低于系统发电容量的30%。

2.2.8　二次系统运行原则

1. 电力通信

(1)电网黑启动过程中，各级调度及厂站应保持通信畅通，若不能直接联系，则可以通过第三方联系。

(2)当系统全停电时,通信系统应立即按照应急机制启动通信应急预案,优先保证调度电话和继电保护通道的畅通。

(3)继电保护。①黑启动过程中,原则上保护定值和投退方式不变;②黑启动方案要明确变压器中性点接地方式;③线路保护应充分考虑单侧电源的情况,以保证在黑启动过程中快速切除线路故障。

2. 安全自动装置

系统全停电后,原则上退出区域型稳控装置中的切机、切负荷出口压板,就地型稳控装置运行状态不变。

3. 调度自动化

(1)电网黑启动过程中,调度自动化系统应立即按照应急机制启动自动化应急预案,保证自动化信息准确可靠。

(2)各级调度、厂站应当加强运行监视,当发现自动化信息可疑时,应立即核实。

(3)电网黑启动过程中,自动发电控制(automatic generation control, AGC)、自动电压控制(automatic voltage control, AVC)退出。

2.3　黑启动的技术校验

2.3.1　黑启动技术校验的任务与要求

(1)黑启动技术校验的任务是确定黑启动过程中电源、线路和负荷投入后机组自励磁、节点过电压、电网频率水平,分析满足启动要求的控制措施。

(2)在进行黑启动技术校验时,应针对具体校验对象(机组、母线、线路等),选择对黑启动技术校验最不利的情况进行技术校验。

(3)应研究、实测和建立黑启动技术校验中各元件、设备、负荷的参数和详细模型,采用合理的模型和参数,以满足所要求的精度。

(4)在黑启动过程中,频率应尽可能控制在49.5～50.5Hz,电压应尽可能控制在0.9～1.1倍标幺值。

2.3.2　同步发电机自励磁

(1)自励磁是同步发电机定子回路中的电容与空载线路相连或经串联电容与无限大母线相连时,因电枢反应助磁作用而产生定子电流、电压幅值自发增大的现象。同步发电机自励磁分为同步自励磁和异步自励磁。

(2)自励磁校验的目的是应用相应的判据,在满足同步发电机不发生自励磁的条件下，确定投入线路的电抗极限。

（3）不发生自励磁的判据为

$$Q_{\text{L},j} \leqslant K_{\text{CB},r} S_{\text{B},r}$$

或

$$x_{\text{c}} \leqslant K_{\text{sf}}(x_{\text{d}} + x_{\text{t}})$$

式中，$Q_{\text{L},j}$ 为线路 j 产生的无功功率；$K_{\text{CB},r}$ 为机组 r 的短路比；$S_{\text{B},r}$ 为机组 r 的额定容量；K_{sf} 为安全裕量；x_{c} 为线路容抗；x_{d} 为同步发电机直轴电抗；x_{t} 为变压器漏抗。

2.3.3　设备投运过电压

（1）过电压是线路、原动机、变压器等设备通电后母线电压增大的现象。过电压分为操作过电压和工频过电压。操作过电压是由断路器操作后系统工作状态瞬时变化产生的暂态性质的过电压。工频过电压是由空载长线路的电容效益引起的稳定性质的过电压。

（2）过电压校验的目的是应用相应的判据，对设备投入后的各节点电压进行检验，判断是否能够满足启动要求。

（3）操作过电压可以通过对线路分段逐次充电的方式来控制电压到安全范围内。工频过电压是由无功功率不平衡引起的，对无功功率进行校验可判断工频过电压。除直流换流站外，其他设备投入后的工频过电压判据为

$$Q_{\text{L},j} \leqslant Q_r^{\max}$$

式中，$Q_r^{\max}$ 为电源机组 r 能吸收的最大无功功率。

2.3.4　直流换流站启动

（1）直流换流站启动产生的有功功率和无功功率冲击相对于线路、变压器等设备大很多。直流换流站启动校验的目的是通过计算直流换流站启动后电网的电压和频率，确定直流换流站启动后已恢复系统的安全状况。

（2）直流换流站启动后频率安全的判据为

$$\frac{\Delta P_{\text{dc}}}{\sum\limits_{i=1}^{m} P_{\text{G},i} \Big/ (\text{df}_i f_{\text{N}})} \leqslant \Delta f_{\lim}$$

式中，ΔP_{dc} 为直流换流站启动时的注入功率；$P_{\text{G},i}$ 为已启动机组 i 的额定容量；

$\mathrm{d}f_i$ 为机组 i 的频率响应值；f_N 为额定频率；Δf_{lim} 为频率变化上限。

直流换流站启动后电压安全的判据为

$$\frac{\Delta Q}{S_{\text{sc}}} U_N \leqslant \Delta U_{\text{lim}}$$

式中，ΔQ 为母线上无功变化量；S_{sc} 为母线的短路容量；U_N 为额定电压；ΔU_{lim} 为电压变化上限。

2.3.5　电网潮流

(1) 电网潮流校验的目的是在黑启动过程中随着电源出力和负荷恢复，确认电网中各节点电压、系统频率、线路功率在安全范围内。

(2) 电网潮流安全的判据是在确定的机组出力和负荷水平下，电网各节点电压、系统频率、线路功率、各机组出力和负荷大小均在安全范围内。

2.3.6　合环

(1) 合环校验的目的是在黑启动过程中主网架从串形结构转换为环形结构时，确认合环电压差、相角差在规定范围内，保证合环操作的安全。

(2) 合环校验的判据是合环前，合环电压差、相角差在安全范围内。

2.4　黑启动的调度

2.4.1　黑启动初始状态

(1) 黑启动初始状态是为黑启动方案的实施停电电网中各厂站、线路的初始运行方式。

(2) 停电电网中各厂站应严格按照操作票制度操作，杜绝由运行人员操作错误引起的事故；对直流系统接地、同期并列装置进行检查，防止非同期合闸。

(3) 确认停电电网中各机组的直流及安全控制回路正常，机组的各参数正常，具备启动条件。

(4) 停电电网中各直流换流站和变电站将运行方式调整为预定方式，直接由外部送电，并作为下一级厂站的电源。

(5) 停电电网中各线路两端断路器断开，在接收到调度指令后闭合。

2.4.2　黑启动调度方案

(1) 黑启动调度方案包括自启动电源的确定、启动路径的选择、厂站和线路操作的下达、被启动电源的确定及启动、负荷送电、系统并列以及各级调度的组织等。

（2）尽快恢复各级调度中心的供电和主力发电厂的厂用电。

（3）黑启动调度方案应考虑黑启动机组所使用的能源（如水电厂的水位、燃气轮机的油量气量等）受限情况，并提出减少能源消耗的措施。

2.4.3　自启动机组

（1）自启动电源在启动前需要与调度保持畅通通信，厂站工作人员确认自启动机组各项参数正常，调度才能下达自启动指令。

（2）根据预先设定的黑启动方案，各分区内自启动电源按照自启动方案进行自启动。

（3）如果分区内自启动机组不具备启动条件，等待与该子系统相连的其他子系统恢复后，将该子系统与其他子系统的解（并列点）作为该子系统的系统外电源。

2.4.4　启动路径

（1）在有黑启动辅助决策系统时，黑启动路径由黑启动辅助决策系统生成；在没有黑启动辅助决策系统时，根据离线制定的调度方案选择启动路径。

（2）路径恢复时，路径上相关厂站在送电前与调度确认设备各参数正常，且已经处于黑启动初始状态，等待外部送电。如果路径上的厂站无法与调度联系，则在检查设备正常后，将厂站设置为初始状态。

（3）当给空载长线路充电时，应采取措施抑制容升效应，以避免线路两端电压超过系统最高运行电压。

（4）对于会发生自励磁的情况，需要配合避免发生自励磁的措施：如增加开机台数、投入感性补偿装置、改变启动路径等；如果无法避免自励磁，则该黑启动路径无法使用，需要重新确定启动路径。

（5）黑启动初期对充电的每条 500kV 及以上电压等级的线路应进行末端电压升高计算，明确规定高抗、低抗、主变分接头和电源容量要求。

（6）尽可能选择有合闸电阻的断路器对 500kV 及以上电压等级的线路充电，否则需经合闸过电压计算校验。

2.4.5　被启动电源

（1）在有黑启动辅助决策系统时，待启动电源由辅助决策系统决定；在没有黑启动辅助决策系统时，待启动电源根据离线制定的调度方案进行选择。

（2）在被启动电源启动前，厂站工作人员需要与调度确认设备正常，且已处于黑启动初始状态，满足启动的要求，等待外部送电。

(3)在被启动电厂带电后，当接收到调度命令时，按照机组恢复预案，逐步恢复机组的原动机、汽轮机、发电机等设备。

(4)当机组设备投入、发电机并网时，一个设备投入后，需要监控系统频率和母线电压，避免频率和电压越限。

(5)在火电机组启动后，与水电机组并网运行时，由于水电机组、火电机组的调速系统和励磁调节系统特性相差比较大，建议将水电机组励磁调节系统设定为手动方式、调速系统设定为自动方式，而将火电机组励磁调节系统设定为自动方式、调速系统设定为手动方式。

2.4.6　直流换流站

(1)若制定了直流换流站启动的离线调度方案，则根据调度方案中的启动顺序启动直流换流站；若没有制定离线调度方案，则直流换流站应在没有机组能够热启动，且满足直流换流站启动要求时再启动。

(2)直流换流站启动前，厂站工作人员需要与调度确认直流换流站设备正常，并置于黑启动初始状态，等待外部送电。

(3)在直流换流站启动时，输出电压和电流应按照恢复预案中的大小进行设置，在设定的时间投入无功补偿装置；在启动过程中，需要具备有功条件和无功条件的能力。

(4)在直流换流站启动过程中，有功功率和无功功率的输出步长需要考虑到功率输出对系统的冲击，避免有功功率和无功功率输出过大引起已恢复交流系统的频率和电压越限。

(5)直流换流站启动后，将其作为已恢复系统的调频电源。

2.4.7　负荷恢复

(1)在厂站和线路恢复的同时，需要投入适量的负荷平衡发电机和线路产生的有功功率和无功功率；当有离线调度方案时，根据离线调度方案校核过的负荷恢复点和负荷恢复量进行恢复；当没有离线调度方案时，需要对负荷投入后的电网潮流、节点电压和系统频率进行校核。

(2)在负荷投入时，每次投入的负荷量要满足电网的要求，避免引起系统的频率和节点电压越限。

(3)在系统恢复初期，应避免恢复电铁炉、电弧炉等冲击负荷。

2.4.8　系统并列与合环

(1)根据分区时设定的子系统联络线并列点，将子系统并列；在并列前需要对自动并列装置进行测试，再根据离线制定的并列预案进行并列。

(2)根据预先设定的合环点,将已恢复电网内线路合环;合环前需要确认合环点相位,校验继电保护动作,确保合环时不会出现设备过载、母线电压越限、满足电网稳定要求;确认完成后,根据预先设定的合环操作步骤进行操作。

(3)子系统并列后,根据主网架潮流情况,逐步恢复其他非主网架中的发输变电设备和负荷,使系统恢复到正常运行方式。

第3章 面向能源互联电网的电力系统动态分区方法

3.1 概 述

受系统运行复杂度影响,电力系统停电恢复时间一般都很长。如果电网具有多个有自启动能力的机组,即黑启动电源,则可以根据其网络拓扑结构特点,并考虑黑启动电源分布情况及调度情况将电网分为多个分区。通过分区,可以达到两个目的:一个目的是将电网分为多个分区并行恢复,可以大大缩短整个电网的恢复时间,减少社会损失;另一个目的是将电网分为多个分区,各个分区单独恢复,可以将很多恢复过程中的不确定因素限制在分区内,恢复失败的分区不会影响其他分区,从而使整个电网恢复更加可行可靠。因此,合理恰当的电网恢复策略对于电力系统安全防御具有重要意义。在能源互联电网中随着火电机组 FCB 功能的改造,停电系统中会存在多个黑启动电源,但是 FCB 机组能否成功实施 FCB 功能具有一定的概率。因此,对于能源互联电网的恢复,需要根据黑启动电源的数量对停电电网进行动态分区。本章首先介绍目前停电系统分区的研究现状,分析电网中常用的黑启动电源,总结 FCB 机组的出力模型,构建基于改进 GN 分裂算法的能源互联电网快速动态分区方法。

3.2 停电系统分区研究现状

传统的电力系统分区方法是根据行政区划或者电网公司管辖范围进行划分,例如,文献[1]将天津电网分为北郊、吴庄和滨海三个子系统,文献[2]~[5]也采用相同的方式对南方电网、河北电网、江苏电网以及山东电网进行了分区。这种分区方法很难根据实际情况进行调整,是否合理有待研究。

考虑到上述方法的局限性,可以根据黑启动机组的分布情况以及电网自身特点来进行子系统划分。文献[6]根据电气距离对电网进行分区。文献[7]将黑启动分区模型转换为布尔函数,基于有序二元决策图和安全分析工具进行分段求解。文献[8]以路径权值为目标函数,基于禁忌搜索算法进行黑启动子系统划分。文献[9]采用节点电压相近度作为子系统划分的依据。文献[10]引入 GN 分裂算法,利用模块度指标衡量划分结果的合理性。文献[11]和[12]基于谱聚类算法,对电网拓扑的 Laplace 矩阵的特征向量进行聚类,从而实现子系统的划分。文献[13]通过割集的方式，定义了一组满足约束的合适分区策略表供用户选择。上述方法大多是应用图论中复杂网络理论进行求解，从拓扑结构的角度看，得到的分区结果具有一定的合理性。但是，这一类方法没有考虑电力系统黑启动过程中的诸多影响因素，在实际恢复中效率不高，甚至存在恢复失败的可能。

有很多学者发现了这个问题，对此进行了一系列有益的探索，并取得了很多显著的成效。文献[14]考虑了线路投运的不确定性，并基于节点恢复成功率设定分区判定函数。文献[15]考虑了机组容量、负荷大小、线路潮流等参数，通过先分组待恢复机组，后分区电力系统的方式实现快速恢复。文献[16]～[18]结合节点恢复路径和恢复顺序，建立评价分区合理性的目标函数，采用遗传算法对分区结果进行求解。文献[19]考虑冷负荷的恢复特性，以损失负荷最小为目标，建立两层优化模型迭代优化分区策略。文献[20]考虑到线路恢复时会发生失败的情况，提出路径转移系数指标，使得能够最大限度地利用之前恢复的路径。

3.3　黑启动电源

电力系统中的发电机包括传统的水电机组，以煤、天然气和核能为燃料的火电机组，以光伏发电、风电为代表的新能源机组。从严格意义上来说，所有发电机组都需要一定的启动能量，但相较而言，各类水电厂需要的启动能量较低，火电厂所需的启动能量则大得多。启动功率比例较小的机组较易解决厂用电从而成为黑启动电源，所需厂用电比例大的机组则在黑启动时需要依靠外部电源提供厂用电方可启动[21]。

水电厂所需的厂用电比例小，具有较快的启动速度，极有可能在 5～10min 完成自启动过程，是作为黑启动电源的绝佳选择。但水电厂具有自启动能力需要满足一定的条件，并需要事先建立一套有效的黑启动方案或操作程序，以应对水电厂自启动过程中的一系列问题。例如，开启和关闭水轮机需要依靠调速器的油压装置推动水轮机的导叶结构，若系统停电导致水轮机油压装置压力不足，则会影响水轮机的正常启动，需要通过交流电机对其油压装置补气来加强压力，这需要电厂预先对其补气装置进行改造以应对大停电后的水轮机正常启动问题[21]。

燃气轮机同样具有厂用电比例小的特点，且启动操作简单，机组爬坡速度快，同样有希望在 5～10min 完成自启动，当系统不具备水电机组时，燃气轮机成为黑启动电源的主要选择。小型燃气轮机可以通过厂内柴油机给辅机供电方式实现自启动，受柴油机容量的限制，一般首先启动一台燃气轮机，等到该燃气轮机并网稳定运行后，再依次启动厂内的其他燃气轮机。而对于大型燃气轮机，当其容量在 200MW 以上时，其所需的启动功率较大，需要蒸汽轮机辅助，也可采用另一种方法，即先用柴油发电机启动小型燃气轮机，然后联合循环机组，启动大型燃气轮机，逐步完成黑启动[21]。

相较于水轮机以及燃气轮机，火电机组所需的启动功率较大，并且启动操作复杂，启动所需时间长。启动火电机组需要大量辅机的帮助，如不同类型的油泵、循环泵、送风机、引风机、给水泵、冷却水泵等。由于火电机组所需启动功率较大，当厂用电因大停电中断时，只能依靠系统来电及其自后备电源为火电机组提供启动功率。对于容量较小的火电机组，可选择柴油发电机等作为后备电源。而大容量火电机组则只能通过已启动的系统或已启动的同厂的小容量火电机组、燃气机组提供启动功率，并且火电机组的启动时间约束也较为复杂，受其汽机、锅炉类型参数的影响。因此，火电机组不是黑启动电源的绝佳选择。

随着火电厂控制技术的发展，具备 FCB 功能的火电机组也具备黑启动能力，其具有黑启动容量大、启动速度快、可以随时恢复外部电网的特点，能够在电网停电后快速调整运行状态，维持发电机在低负荷状态下运行。火电机组的 FCB 功能不仅有助于事故情况下机组安全停机，保护机组安全，延长设备寿命，降低运行成本，而且可以使发电机具备解列后带厂用电孤岛运行的能力，为以后恢复电网供电做准备，以随时为其他电厂机组提供启动电源，有利于降低电网事故损失，为加快电网恢复提供了保证[22,23]。

由于 FCB 机组在电网停电时能够保持稳定运行，所以可以作为黑启动电源。当电网中存在水电机组和多个 FCB 机组时，可以根据电网中黑启动电源的数量将电网划分成相应数量的分区，以各分区内黑启动电源为起点同时恢复各分区，使得同一时间内并行启动多台机组，可以大大加快系统恢复进程[24-26]。

3.4　FCB 机组出力模型

常规火电机组在电网停电后需要等待外部电力恢复后才能恢复，而在热启动时间内未能启动时，必须要达到冷启动时限才能启动。常规火电机组出力曲线图如图 3.1 所示，常规火电机组的出力模型如式 (3.1) 所示，在 $t_{a,i}$ 时刻火电机组恢复供电且满足启动时间要求；$t_{b,i}$ 时刻发电机转速达到同步转速并网发电；$t_{c,i}$ 时刻机组有功出力达到额定值 $P_{M,i}$；$P_{m,i}$ 为火电机组出力辅机功率；K_i 为机组爬坡率；$T_{A,i}$ 为机组预热时间；$T_{B,i}$ 为机组爬坡时间：

$$P_{G,i}(t) = \begin{cases} 0, & 0 \leqslant t < T_{A,i} + t_{a,i} \\ K_i(t - T_{A,i} - t_{a,i}), & T_{A,i} + t_{a,i} \leqslant t < T_{A,i} + T_{B,i} + t_{a,i} \\ P_{M,i}, & t \geqslant T_{A,i} + T_{B,i} + t_{a,i} \end{cases} \quad (3.1)$$

对于成功实现 FCB 功能的火电机组，其发电机出力能够保持在厂用电负荷，在恢复外部电网时能够根据外部电网的要求输出功率。FCB 机组出力曲线图如图 3.2 所示，FCB 机组的出力模型如式 (3.2) 所示，发电机在并网前一直维持厂用电负荷 $P_{k,i}$，在 $t_{b,i}$ 时刻同步并网发电，恢复停电设备：

$$P_{G,i}(t) = \begin{cases} P_{k,i}, & 0 \leqslant t < t_{b,i} \\ K_i(t - T_{b,i}), & t_{b,i} \leqslant t < T_{B,i} + t_{b,i} \\ P_{M,i}, & t \geqslant T_{B,i} + t_{b,i} \end{cases} \tag{3.2}$$

从式 (3.2) 中可以看到，FCB 机组和黑启动电源类似，不需要外部电源启动，不需要预热时间，没有冷热启动时间限制，可以根据外部电网的状况恢复外部停电设备。现有研究中将 FCB 机组加入电网的恢复序列中，未能充分利用 FCB 机组的黑启动能力。因此，需要根据实现了 FCB 功能的火电机组数量快速重新划分电网分区，并行恢复各分区，提高电网的恢复效率。

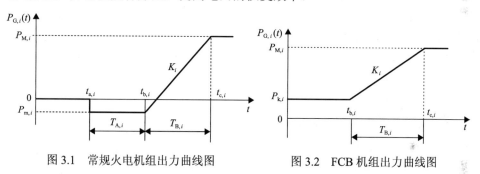

图 3.1　常规火电机组出力曲线图　　　　　图 3.2　FCB 机组出力曲线图

3.5　基于改进 GN 分裂算法的能源互联电网快速动态分区方法

含 FCB 机组电网恢复过程中首先需要根据实现 FCB 功能机组的情况对电网进行分区。GN 分裂算法是较为适合电网特征的分区方法，但其难以将电网划分为固定数量的分区。因此，本节对 GN 分裂算法进行改进，采用网络的 Laplace 矩阵特征值判断分区数量，考虑到后续恢复过程中的分区功率平衡要求，调整分区规模，实现针对含 FCB 机组电网的分区。

3.5.1　GN 分裂算法原理

网络分群算法按照分群过程是添加还是删除节点可以分为凝聚算法和分裂算

法[27]。凝聚算法是通过搜索与中心节点连接强度较高的节点，并添加入群的方法形成分群。该算法能够搜索到连接强度较高的节点，但对两群边界的节点分类效果较差。分裂算法是通过搜索网络中连接最为紧密的联络边，不断删除连接紧密的边直至形成分群。该算法能够很好地解决凝聚算法对于两群边界分类效果较差的问题，针对多个群组通过少数几条联络线连接的网络较为有效，电力系统具备该网络特征，故该算法对电力系统分区较为有效。但该算法也存在一些不足，主要表现在：①该算法不能确定网络中分群数量，终止条件不明确；②该算法单纯针对网络分区，未考虑分区中功率平衡；③分裂算法需要在每次断开一条边后重新计算边介数，当系统规模较大时，计算速度较慢。针对第一个问题，文献[28]和[29]中采用定义模块度指标，当该指标处于某一范围时，结束划分。对于第二个问题，文献[30]在划分完成后再通过分区合并的方式调整分区大小。该算法在分区数量没有要求时有效，当分区数量确定时，该算法难以适用。对于含 FCB 机组电网的分区，当 FCB 机组数量确定时，分区数量即确定，现有分裂算法难以直接采用。因此，需要对现有 GN 分裂算法进行改进，使其适用于固定分区数量的网络分区。

3.5.2　停电电网的拓扑模型及参数

当用复杂网络的思想来研究电力网络特性时，首先需要将电网抽象为无向图，并对图中各节点和线路定义相应的特征参数，才能使用图形分割或聚类算法进行电网分区，抽象构成需要遵循以下原则：

(1)本节的研究只限于高压输电网络，不考虑配电网络、发电厂和变电站的主接线。

(2)所有高压输电线路和变压器支路均抽象为网络中的边，忽略高压输电线路各种电气特性参数及电压等级的不同。

(3)电网拓扑模型中的所有发电厂节点、变电站节点和负荷节点均抽象为网络中无差别的节点，且不考虑接地点。

(4)在恢复过程中，为了降低对接地电容的影响，一般只投入双回线路中的一回，因此在网络简化时可以合并同杆并架的输电线，并忽略并联电容支路，这样可以消除电网拓扑模型中的多重边和自环，使得相应的图变成简单图。

(5)忽略电力网络图的有向性。这是因为在分析复杂网络的社团结构时，忽略网络图的有向性将更有利于问题的解决。

为了后面描述方便，首先参考图论中的定义对后面使用的名词进行定义，具体如下。

(1)节点度：与该节点相连的其他节点的数量。

$$d_i = \sum_{j=1}^{m} A_{ij} \tag{3.3}$$

式中，A_{ij} 为邻接矩阵 A 中第 i 行、第 j 列元素。

（2）边介数：通过某条边的最短路径条数。对于所有源节点，分别计算从每个源节点出发通过该边的最短路径数目，将得到的相对于各源节点的边介数相加，累加和为该边相对于所有源节点的边介数。由于主干输电网络为环形电网，各电源点与其他节点间会存在多条长度相同的最短路径，最短路径需要通过 Newman 边介数求解方法[31]求取。

（3）节点权值：节点上发电能力与用电需求之差，即

$$k_i = P_{\mathrm{G},i}^{\max} - \alpha_i P_{\mathrm{L},i}^{\max} \tag{3.4}$$

式中，$P_{\mathrm{G},i}^{\max}$、$P_{\mathrm{L},i}^{\max}$ 分别为节点 i 上所连发电机最大有功出力和所接负荷的最大有功值；α_i 为一类负荷比重，表示在恢复过程中必须恢复的负荷。

3.5.3　改进 GN 分裂算法

对于传统 GN 分裂算法，其具体思路为：如果一个网络包含几个社团且各社团之间只通过少量互联的边连接，则各个社团之间所有最短路径必然要经过这些互联的边，从而使得这些互联的边具有较高的边介数，通过移除这些互联的边，就可以把隐藏在网络中的不同社团划分开[32]。因此，首先计算网络中所有边的边介数，然后依次删除边介数最高的边，并重新计算各边的边介数。当出现新的分区时，计算此时的模块度指标。当每个黑启动机组都在一个分区时，停止删除边。通过模块度指标调整分区，并校验分区是否有黑启动电源以及分区内是否功率平衡。若不满足，则还需要对分区进行手动调整。

从传统 GN 分裂算法流程中可以看到，该算法不能自动判断分区数量，且有很多步骤需要手动参与，难以适用于黑启动电源数量不确定时快速的动态分区。针对传统 GN 分裂算法应用于含 FCB 机组电网分区的问题，需要在现有算法的基础上进行改进，以使其适用于固定分区数量的大系统分区。

1. 分区数量判断

Laplace 矩阵是在图论中广泛应用的表示图的一种矩阵。通过 Laplace 矩阵特征值数量可以判断非连通系统数是 Laplace 矩阵的一个重要特性[29]。对一个无向网络图 $G=(V, E)$，V 为节点集，E 为线路集。根据零特征值判断当前图 G 分区数量的具体步骤如下：

（1）对于当前图 G，根据点与点之间的连接关系构造 Laplace 矩阵 $L=(l_{i,j})_{n \times n}$。

$$l_{i,j} = \begin{cases} d_i, & i = j \\ -1, & i \neq j,\ v_i与v_j相连 \\ 0, & v_i与v_j不相连 \end{cases} \quad (3.5)$$

式中，d_i 为节点度。

(2) 计算 Laplace 矩阵的特征值，最小特征值为 0，即 $\lambda_n \geqslant \cdots \geqslant \lambda_2 \geqslant \lambda_1 \geqslant 0$。

(3) 观察零特征值的数量。当且仅当 G 为连通图时，只有一个特征值为 0。当 G 不连通时，零特征值的数量就是不连通子系统的数量。

故在进行 GN 分裂过程中可以通过 Laplace 矩阵的特征值判断是否达到了要求的分区数量，如果满足条件，即可结束分区，从而解决了传统 GN 分裂算法中无法判断分区数量的问题。

2. 功率平衡校验

功率平衡校验是为了保证划分的每个区域内发电机的发电能力与用电能力匹配，从而保证电网恢复过程中负荷能够尽量多的恢复。定义分区 V_i 内功率平衡指标为

$$z_i = \sum_{j \in V_i} k_j \quad (3.6)$$

当 z_i 为正时，分区内的发电能力大于所必须恢复的负荷量，才能满足电网恢复过程中的负荷恢复要求，因此功率平衡校验的要求为

$$z_i > 0 \quad (3.7)$$

当电网中的线路 $e_{ij} \subset E$ 删除时，电网发生分裂，此时需要对分裂的网络进行校验。如果分裂后的电网不满足功率平衡约束，则该分区不合理，保留该线路，按边介数排序选择下一条线路删除。

除了功率大小需要保持平衡外，分区内还必须包括黑启动电源点。如果没有黑启动电源点，该线路不能删除，按边介数排序选择其他线路。

3. 节点数量削减

由于边介数计算量较大，对于大规模系统，GN 分裂算法的计算量非常大，计算时间较长，所以需要削减待恢复系统中的节点数量，从而加快计算速度。而在停电电网中有很多节点必须在同一个分区，这些节点可以通过预先处理，将其简化为一个节点，从而加快计算速度。

通过对电网的分析，可以合并的节点主要有以下几类：

(1) 由于分区同步的要求，变压器支路不能作为分区联络线，变压器支路两端节点可以合并为一个节点；

（2）对于发电机节点和负荷节点，一般都可以合并到与其相连的最近的节点，故节点度为 1 的节点与其相连的节点可以合并；

（3）由于大规模电网具有不同电压等级的供电电网，所以包含黑启动电源点的低压电网可以合并为一个节点，在节点削减过程中，保留电源节点，将非电源节点合并到电源节点上。

3.5.4　含 FCB 机组电网的分区流程

GN 分裂算法进行分区的基本思想是，不断从网络中移除边介数较大的边直至达到分区目标，但在固定分区数量要求时，传统 GN 分裂算法难以实现。在3.5.3 节所述改进算法的基础上，本节采用能够满足固定分区数量要求的 GN 分裂算法，同时考虑了后续恢复的功率平衡要求以及分区策略计算速度要求，对待恢复电网进行分区。

基于改进 GN 分裂算法的含 FCB 机组电网分区策略流程图见图 3.3。

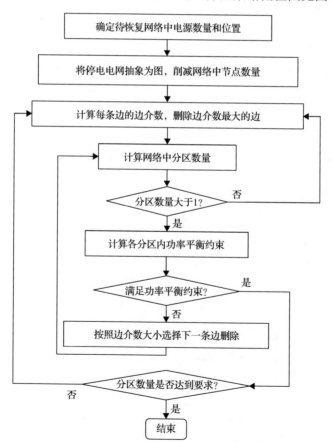

图 3.3　基于改进 GN 分裂算法的含 FCB 机组电网分区策略流程图

图 3.3 中主要包括以下流程：

(1)根据停电电网的状态，确定待恢复网络中电源数量和位置。

(2)将停电电网抽象为图，将带电区域简化为一个节点，采用节点数量削减的原则削减停电电网中节点数量。

(3)计算停电电网中每条边的边介数，将边介数最大的边从电网中删除。

(4)采用分区数量判断方法计算网络中分区数量。

(5)如果分区数量为 1，则返回步骤(3)继续删除边介数最大的边。

(6)如果分区数量大于 1，则对每个分区进行功率平衡校验：如果满足功率平衡校验，则返回步骤(3)继续分区直至分区数量满足要求；如果不满足功率平衡校验，则放弃删除该边，按照边介数大小选择下一条边，返回步骤(4)。

(7)如果分区数量和功率平衡校验均满足要求，则分区结束，对已删除线路两端节点进行校验；如果两端节点处于同一分区，则将该线路重新加入该分区。

3.5.5　算例分析

1. 仿真场景

为了验证本节所提分区恢复策略的有效性，以 IEEE-10 机 39 节点系统(又称新英格兰系统)为例，如图 3.4 所示，对基于改进 GN 分裂算法的含 FCB 机组

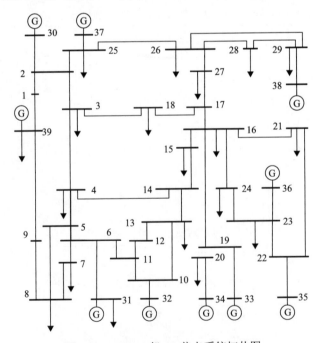

图 3.4　IEEE-10 机 39 节点系统拓扑图

电力系统分区策略进行验证。假设变压器支路和普通输电线路的启动时间均为 5min，每台机组容量和各负荷点一类负荷如表 3.1 所示。

表 3.1　IEEE-10 机 39 节点系统的机组容量和负荷大小

机组	容量/MW	负荷点	一类负荷/MW	负荷点	一类负荷/MW
30	250	3	130	23	99
31	580	4	200	24	123
32	650	7	93	25	90
33	632	8	209	26	56
34	508	12	4	27	112
35	650	15	128	28	82
36	560	16	132	29	93
37	540	18	63	31	4
38	830	20	27	39	441
39	1000	21	109	—	—

2. 改进 GN 分裂算法有效性分析

1）本节改进 GN 分裂算法仿真结果

假设 30 号发电机、31 号发电机和 35 号发电机完成 FCB 技术改造。根据本节提出的节点削减方法，IEEE-10 机 39 节点系统被削减为如图 3.5 所示的结构，一

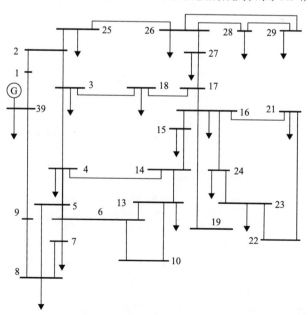

图 3.5　削减后 IEEE-10 机 39 节点系统

共 27 个节点。

根据 3.5.3 节提出的分区数量判断方法，计算 IEEE-10 机 39 节点系统特征值如表 3.2 所示。可以看出，第一个特征值为 0，其余特征值均大于 0，换言之，只有一个零特征值，可以判断出整个系统是一个连通网络。

表 3.2　未移除线路网络的 Laplace 矩阵特征值

编号	λ	编号	λ	编号	λ	编号	λ
1	0	8	1.0646	15	2.4892	22	3.9842
2	0.1352	9	1.1848	16	2.7873	23	4.5005
3	0.1675	10	1.3820	17	3.0000	24	5.0397
4	0.3716	11	1.4633	18	3.0242	25	5.2007
5	0.5889	12	1.7916	19	3.2442	26	5.3170
6	0.6955	13	1.9049	20	3.6180	27	6.2919
7	0.7882	14	2.2796	21	3.6854	—	—

利用边介数计算方法对各线路的边介数进行计算，线路 16-17 边介数最大，根据分裂算法，将其从网络移除。然后构建剩余网络的 Laplace 矩阵，并计算其特征值，如表 3.3 所示，只有一个零特征值，可以判断出整个系统仍然是一个连通网络，该计算结果与实际情况相符。

表 3.3　移除第 1 条线路网络的 Laplace 矩阵特征值

编号	λ	编号	λ	编号	λ	编号	λ
1	0	8	0.9341	15	2.4874	22	3.9805
2	0.0571	9	1.1835	16	2.7482	23	4.5005
3	0.1481	10	1.3820	17	3.0000	24	4.9711
4	0.3691	11	1.4612	18	3.0160	25	5.1995
5	0.5100	12	1.7863	19	3.1084	26	5.2668
6	0.6752	13	1.8831	20	3.4420	27	5.3495
7	0.6996	14	2.2229	21	3.6180	—	—

然后重新计算线路 16-17 移除后网络各线路的边介数。第二次移除线路，移除边介数最大的线路 3-4，此时零特征值数量仍为 1，如表 3.4 所示。

继续分裂。第三次移除线路，移除边介数最大的线路 8-9，移除后网络的 Laplace 矩阵特征值如表 3.5 所示。此时零特征值数量为 2，整个网络已经被分割成 2 个互相独立的子系统。

在上述基础上继续分裂。第四次移除线路，移除边介数最大的线路 14-15，移除后网络的 Laplace 矩阵特征值如表 3.6 所示。此时零特征值数量为 3，整个网络

表 3.4　移除第 2 条线路网络的 Laplace 矩阵特征值

编号	λ	编号	λ	编号	λ	编号	λ
1	0	8	0.9222	15	2.4634	22	3.7618
2	0.0268	9	1.0654	16	2.5478	23	4.3844
3	0.1113	10	1.3820	17	2.8283	24	4.6517
4	0.3352	11	1.4084	18	3.0000	25	5.1646
5	0.4571	12	1.5849	19	3.0259	26	5.2105
6	0.6603	13	1.7866	20	3.4248	27	5.2856
7	0.6866	14	2.2066	21	3.6180	—	—

表 3.5　移除第 3 条线路网络的 Laplace 矩阵特征值

编号	λ	编号	λ	编号	λ	编号	λ
1	0	8	0.8286	15	2.2809	22	3.6180
2	0	9	0.9577	16	2.4860	23	4.3796
3	0.0987	10	1.3741	17	2.8006	24	4.5787
4	0.1727	11	1.3820	18	3.0000	25	5.0010
5	0.4402	12	1.5831	19	3.0000	26	5.2102
6	0.5558	13	1.6471	20	3.0682	27	5.2843
7	0.6865	14	2.1045	21	3.4614	—	—

表 3.6　移除第 4 条线路网络的 Laplace 矩阵特征值

编号	λ	编号	λ	编号	λ	编号	λ
1	0	8	0.8286	15	2.2271	22	3.6180
2	0	9	0.9357	16	2.4620	23	4.2164
3	0	10	1.000	17	2.4860	24	4.3796
4	0.1727	11	1.3741	18	2.8479	25	4.9871
5	0.4402	12	1.3820	19	3.0000	26	5.1642
6	0.5509	13	1.6471	20	3.0000	27	5.2102
7	0.6086	14	2.0000	21	3.4614	—	—

已经被分割成 3 个互相独立的子系统。实际分割情况如图 3.6 所示，从图中可以看出，特征值计算结果与实际情况相符。

各分区内发电机容量分别为 2620MW、2350MW、1230MW，分区内一类负荷容量分别为 1067MW、622MW、506MW，功率平衡指标分别为 1553MW、1728MW、724MW。可以看出，各分区内发电机出力均大于必须恢复的一类负荷容量，满足功率平衡校验要求，说明 FCB 机组分别位于三个分区内，即每个分区内均存在黑启动电源。对于黑启动电源数量大于 3 的情况，重复使用本节改进 GN 分裂算法，即可快速将电网划分为多个符合要求的分区。本节提出的改进 GN 分

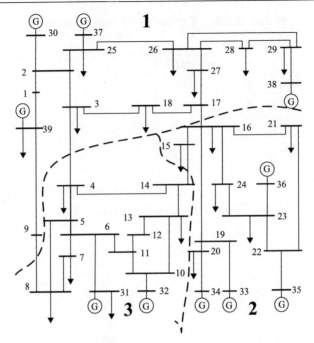

图 3.6 IEEE-10 机 39 节点系统三分区图

裂算法是一个确定性算法，能够在多次重复的情况下得到完全相同的分区，即分区的结果是唯一的。

2) 本节改进 GN 分裂算法与传统 GN 分裂算法[16,32]比较

本节改进 GN 分裂算法在计算时间上的优势主要体现在两方面：一方面，以子系统数量的自动判别代替了传统 GN 分裂算法中的人工判别；另一方面，使用功率平衡指标代替传统 GN 分裂算法中人工判别是否每个孤岛中均存在黑启动电源。

本节仿真采用计算机配置为 Intel® Core™ i5-4200M CPU @2.50GHz，内存 8.00GB。传统 GN 分裂算法和进行节点削减后的本节改进 GN 分裂算法移除线路的过程如表 3.7 所示。

表 3.7 IEEE-10 机 39 节点系统 GN 分裂算法线路移除过程

移除次数	传统 GN 分裂算法			改进 GN 分裂算法		
	被移除边	分区数量	计算时间/s	被移除边	分区数量	计算时间/s
1	15-16	1	23.95	16-17	1	6.31
2	3-18	1	50.34	3-4	1	12.72
3	2-25	2	77.27	8-9	2	19.28
4	16-17	3	93.30	14-15	3	26.16
5	3-4	3	108.16	—	—	—
6	8-9	4	122.80	—	—	—

根据传统 GN 分裂算法，当第 6 次移除线路时，所有分区内部不同时存在多个黑启动电源，但是有一个分区内部缺失黑启动电源，因此将该分区与最近分裂的分区进行合并，程序所耗费的计算时间如表 3.7 所示。

从表 3.7 中可以看出，本节改进 GN 分裂算法是传统 GN 分裂算法耗费时间的 21.3%，该时间还未计算手动调节分区所耗费的时间。事实上，规模越大、结构越复杂、分区数量越多的电力系统，人工判别当前子系统数量的难度就越大，耗费的时间和精力也就越多，本节改进 GN 分裂算法在时间代价上的优势也就越明显。

3. 含 FCB 机组电网并行恢复策略有效性分析

假设 31 号和 37 号机组为 FCB 机组，并将其作为黑启动电源，分区结果如表 3.8 和图 3.7 所示。

表 3.8　IEEE-10 机 39 节点系统分区结果　　　　　（单位：MW）

分区	$\sum P_{\mathrm{G},i}^{\max}$	$\sum \alpha_i P_{\mathrm{L},i}^{\max}$	$\sum z_i$
1	2480	655.3	1824.7
2	3720	759.5	2960.5

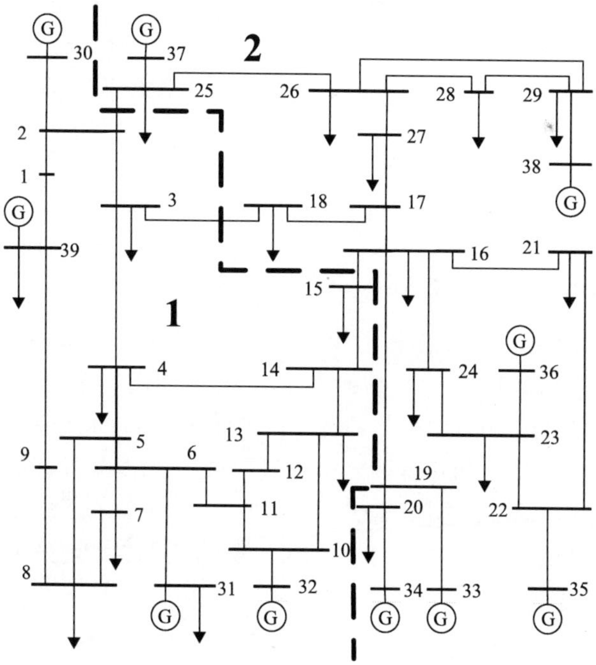

图 3.7　IEEE-10 机 39 节点系统二分区图

将 FCB 机组并行恢复，仿真结果如表 3.9 所示，分区 1 第 90min 所有厂用电恢复，分区 2 第 55min 所有厂用电恢复，整个电网恢复时间为 90min。

表 3.9　两种恢复策略下机组启动顺序

并行恢复						串行恢复		
分区 1			分区 2					
节点编号	启动时间/min	恢复路径	节点编号	启动时间/min	恢复路径	节点编号	启动时间/min	恢复路径
31	0	—	37	0	—	31	0	—
30	30	31-6-5-4-3-2-30	36	45	37-25-2-3-18-17-16-24-23-36	30	30	31-6-5-4-3-2-30
32	45	6-11-10-32	35	55	23-22-35	32	45	6-11-10-32
39	55	2-1-39	38	70	25-26-29-38	39	55	2-1-39
—	—	—	33	80	16-19-33	36	85	3-18-17-16-24-23-36
—	—	—	34	90	19-20-34	37	95	2-25-37
—	—	—	—	—	—	35	105	23-22-35
—	—	—	—	—	—	38	120	25-26-29-38
—	—	—	—	—	—	33	130	16-19-33
—	—	—	—	—	—	34	140	19-20-34

作为对比，在相同的条件下使用常规黑启动方案恢复，仍然改造 31 号和 37 号机组为 FCB 机组，以 31 号机组作为黑启动电源，37 号机组作为待启动机组。结果如表 3.9 所示，整个电网发电机恢复时间 140min，比本节提出的含 FCB 机组电网并行恢复策略的恢复时间高出 55.6%。

4. 部分 FCB 功能失败对电网分区的影响分析

为了说明大停电瞬间 FCB 机组状态不确定对电网分区策略造成的影响，假设 35 号机组在停电瞬间 FCB 功能切换失败，失去厂用电，需要外部系统提供启动功率才能启动。此时，调度中心从各发电厂获取各机组启停状态，即 35 号机组停机，而 30 号机组和 31 号机组这两台机组保持 FCB 功能运行正常，具备黑启动能力。由黑启动电源数量确定电网最终应当被划分成两个子系统，并执行本节提出的基于改进 GN 分裂算法的电网分区策略，移除线路依次为 16-17、3-4、8-9，计算时间为 19.895s。

在两分区被划分后，计算功率平衡指标 z_i。对于分区 1，分区内发电机容量为 2620MW，分区内一类负荷容量为 1067MW，功率平衡指标为 1553MW；对于分区 2，分区内发电机容量为 3580MW，分区内一类负荷容量为 1128MW，功率平衡指标为 2452MW。可以看出，各分区内发电机出力均大于必须恢复的一类负荷容量，满足功率平衡校验要求，说明 FCB 机组分别在两个分区内，即每个分区内均存在黑启动电源，且能满足一类负荷要求。最终划分结果如图 3.8 所示。

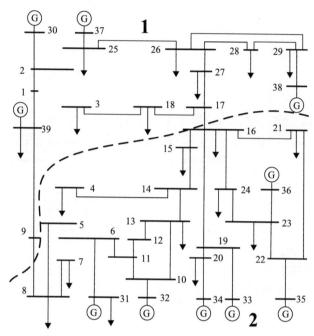

图 3.8　35 号机组失去 FCB 功能后 IEEE-10 机 39 节点系统二分区图

上述的仿真算例表明，如果电网停电瞬间某一台机组失去了 FCB 功能，本节所提出的改进 GN 分裂算法依然能够快速地对停电电网进行分区，满足电网分区恢复的要求。

3.6　考虑分区恢复时间的电力系统分区优化模型

对考虑分区恢复时间的电力系统分区优化方法进行建模，涉及初步分区后发电机启动顺序的优化、基于粗糙集的带有不确定因子决策表的确定以及相关约束的综合考虑。本节介绍整个优化模型建立的过程，重点讨论机组启动顺序优化，带有不确定因子决策系统的建立以及电力系统分区优化模型的建立。

3.6.1　发电机启动顺序优化模型

发电机启动顺序的确定及优化与恢复该发电机的路径权值有关，需考虑发电机本身的特性，如启动功率、启动等待时间等。基于此，本节建立优先级指标，对发电机进行排序，确定其恢复顺序[33]。

1. 发电机启动模型

在电力系统发生大停电的初始阶段，系统的频率和电压会大幅度降落，出现系统频率电压过低的情况，同时潮流发生大规模的转移，触发继电保护装置动作，系统出现大幅度振荡，严重时出现甩负荷现象，即发电机与系统脱离同步状态，出口开关跳闸，负荷与系统断开电气联系。发电机组一旦不带负荷进入空转状态，转速上升，其自身的保护措施会自动动作，如水电机组的调速器通过使导叶不再动作来降低转速，稳定运行，当常规火电机组的转速高于阈值时，超速保护也会自动动作，使机组跳闸停机，以免造成机组损坏。若发电机为 FCB 机组，则即使失去全部负荷，FCB 机组仍能够在低负荷状态下保证厂用电，停机不停炉，安全稳定运行[34]。

黑启动电源定义为不需要外来电力供应、具备自启动能力的机组；而非黑启动机组则是不具备自启动能力的机组，需要其他机组为其提供足够的启动功率，启动后并爬坡达到并网条件，才能进行发电。黑启动电源一般为水电厂和燃气电厂自备的柴油机或具备 FCB 功能的火电机组。而非黑启动机组则为需要启动功率的常规水电机组或火电机组。启动功率则是提供给辅机，使其正常工作的电能，如送风机及各种保护装置。

发电机启动后需要通过爬坡来达到与外部电网并网的条件，而其输出功率可以描述为一条随启动时间按照某种速率增加直到达到机组额定容量的曲线，其一般模型如图 3.9 所示[35]。此曲线适用于常规非黑启动机组。

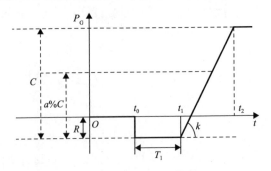

图 3.9　发电机一般模型

图 3.9 中，t_0 为发电机的启动时刻，发电机从外部持续吸收启动功率 R 至 t_1 时刻，经过时间段 T_1 的爬坡，发电机的转速达到了同步转速，满足并网发电条件，开始对外输出功率，输出功率沿着爬坡曲线以爬坡率 k 稳步增长，至 t_2 时刻达到机组的额定功率后不再增长。

发电机启动过程中涉及的参数如表 3.10 所示。

表 3.10 发电机参数

容量	启动功率	爬坡率	最小出力	并网等待时间
C	R	k	$a\%C$	T_1

发电机的出力函数可表示为

$$P_{G,i}(t) = \min\{k \cdot \max[t - (t_0 + T_1), 0], C\} - R \cdot U(t - t_0) \tag{3.8}$$

式中，U 为阶跃函数：

$$U(t) = \begin{cases} 0, & t < 0 \\ 1, & t \geqslant 0 \end{cases} \tag{3.9}$$

式 (3.8) 也可以写成分段函数的形式：

$$P_{G,t}(t) = \begin{cases} 0, & 0 \leqslant t < t_0 \\ -R, & t_0 \leqslant t < t_1 \\ -R + k(t - t_1), & t_1 \leqslant t < t_2 \\ C - R, & t \geqslant t_2 \end{cases} \tag{3.10}$$

黑启动电源的对外出力曲线则与之不同，具有自启动能力的机组启动功率低，甚至 FCB 机组不需要外部电网提供启动功率，且黑启动电源的启动速度快，可以忽略其并网所需的等待时间，爬坡曲线如图 3.10 所示。

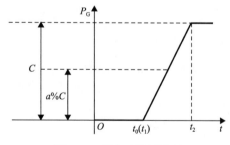

图 3.10 黑启动机组模型

2. 线路模型

电力系统依靠输电线路和变压器建立各节点、各区域和各带电设备(包括发电机和负荷)之间的电气联系，实现能量的传输和流动。为了便于研究，基于网络拓扑特性，通常将复杂的电力系统网络结构抽象为有权无向连通图，线路也被抽象为带权值的无向支路，支路权值为系统恢复这些线路所要付出的代价，从而以恢复代价最小为目标的启动路径顺序优化转换为找到节点与节点之间权值和最小的路径。因恢复代价不同，线路分为普通输电线路和变压器线路，分别计算其恢复代价。

1)普通输电线路权值

一些研究中恢复线路所需的充电功率为普通输电线路的权值，不考虑其他因素。另一些研究中，普通输电线路权值则综合考虑了线路自身特性与外在因素，如天气情况、线路上所含设备等。合理设定普通输电线路权值对电力系统停电恢复过程的影响很大。在黑启动过程中的前两个阶段，并不大量投入负荷，仅进行黑启动方案的确定及网架的重构与恢复，所以系统会恢复大量的长距离空载高压线路。而对线路上对地电容进行充电以及频繁操作用电设备均会产生大量的无功功率，黑启动初期的系统仅依靠发电机无法吸收全部的无功功率，而过剩的无功功率会导致一系列问题，如电压越限等，影响系统稳定运行[36]。因此，线路恢复过程中发电机无法吸收线路上全部的无功功率，线路上过剩的无功功率造成的过电压问题为需要解决的主要问题。考虑到系统恢复过程中可以通过投入高压电抗器来吸收线路上过剩的无功功率[37]，因此本节将普通输电线路的权值设置为线路上经过高压电抗器补偿后剩余的无功功率，如式(3.11)所示：

$$W_{\text{L},i} = \max \left\{ \, \left| Q_{\text{C},i} \right| - \left| Q_{\text{L},i} \right| \, , 0 \, \right\} \tag{3.11}$$

式中，$W_{\text{L},i}$ 为支路 i 的权值；$Q_{\text{C},i}$ 为线路 i 所需的充电功率；$Q_{\text{L},i}$ 为线路 i 的电抗器容量。

2)变压器线路权值

不同于普通输电线路，含变压器线路在投切前需要经过一系列操作，如变压器外观的查验、保护系统的检查，以及变压器的冲击合闸试验，这将导致含变压器线路所需启动时间比普通输电线路长，并且线路所含变压器越多，发生三相不同期合闸和铁磁谐振导致线路恢复失败的概率越大。因此，应选择包含变压器个数少的恢复路径优先恢复。

如果依旧选择线路剩余充电功率作为变压器线路的权值，变压器的充电功率一般小于普通输电线路的充电功率，则其优先级就会高于普通输电线路，选择含变压器线路的可能性会增大，这与优先恢复变压器个数少的路径目标是相违背的，系统不稳定运行的可能性会因为恢复线路中变压器个数的增加而增大。因此，本节将变压器线路的权值设为比所有普通输电线路权值都大的数值 W_{T}，以此来降低变压器线路的优先级，降低其被选中的可能性，如式(3.12)所示：

$$W_{\text{T}} = \max \{ W_{\text{L},i} \} + \varepsilon \tag{3.12}$$

式中，W_T 为所有变压器的权值；$W_{L,i}$ 为普通输电线路 i 的权值；ε 为一个大于 0 的正数。

3.6.2　基于粗糙集的带有不确定因子的决策系统

1. 粗糙集原理

粗糙集主要研究的问题之一是近似的集合，另一个就是数据的分析和推理，所以基于粗糙集，有限的对象集合可以用有限的属性集合来表示[38]。在这里，考虑一个简单的知识表示方案，其中一组有限的对象集合用有限的属性集合来表示，即可以用信息系统 S 来表示[39]：

$$S = \left\{ U, R, V, \mu, i_{mp} \right\}, \quad R = C \bigcup D \tag{3.13}$$

式中，U 为非空对象集；R 为非空属性集；子集 C 和 D 分别为条件属性集和决策属性集；$V = \bigcup_{a \in R} V_a$ 为属性 a 可取值的集合；μ 为决策属性 D 所带的不确定度；i_{mp} 为 U 中元素在信息系统 S 中的重要度，体现元素在 S 中的重要性。μ 和 i_{mp} 都由领域知识和数据库操作得到。

定义 3.1　对于已给定的信息系统 S，一个子集 $X \subseteq U$，它的上近似和下近似分别为[38]

$$\begin{cases} \overline{apr}(X) = \left\{ x \in U \big| [x] \bigcap X \neq \varnothing \right\} \\ \underline{apr}(X) = \left\{ x \in U \big| [x] \subseteq X \right\} \end{cases} \tag{3.14}$$

式中，$[x]$ 为 X 的等价类。

根据系统中的等价关系，所有对象将被分到三个不相交的区域，分别为正区、边界区和负区：

$$\begin{cases} POS(X) = \underline{apr}(X) \\ BND(X) = \overline{apr}(X) - \underline{apr}(X) \\ NEG(X) = U - \overline{apr}(X) \end{cases} \tag{3.15}$$

(1) 如果对象 $x \in POS(X)$，则对象 x 一定属于目标集合 X。

(2) 如果对象 $x \in BND(X)$，则对象 x 一定不属于目标集合 X。

(3) 如果对象 $x \in NEG(X)$，则无法判断对象 x 是否属于目标集合 X。

定义 3.2　在 S 中，$B \subseteq C$，X、$Y \subset U / B$ 且处于边界，X 划入 $POS_B(D)$ 和 $NEG_B(D)$ 的误差 $p(X)$ 和 $n(Y)$ 分别定义为[39]

$$\begin{cases} p(X) = \dfrac{\sum \left[i_{\text{mp},i}(1-\mu_i) \right]}{\sum i_{\text{mp},i}} \\[4mm] n(Y) = \dfrac{\sum (i_{\text{mp},i}\mu_i)}{\sum i_{\text{mp},i}} \end{cases} \tag{3.16}$$

X 划入正区的误差和 Y 划入负区的误差分别为 δ_{P} 和 δ_{N}，即

$$\begin{cases} p(X) \leqslant \delta_{\text{P}}, \ X \subset \text{POS}_{\text{B}}(D) \\ n(Y) \leqslant \delta_{\text{N}}, \ Y \subset \text{NEG}_{\text{B}}(D) \end{cases} \tag{3.17}$$

在这里，本书将待恢复机组视为对象，待恢复机组所属分区标签为决策属性，待恢复机组到 k 个分区黑启动机组路径长度为 k 个条件属性，μ 和 i_{mp} 由初始的分区结果决定。μ 的表示式为

$$V_{a_{ij}} = \omega_{i,j} \tag{3.18}$$

$$\mu_i = \frac{\omega_{\text{max}}}{\sum\limits_{j=1}^{k} \omega_{i,j}} \tag{3.19}$$

式中，$\omega_{i,j}$ 为机组 i 到分区 j 黑启动机组的路径长度；ω_{max} 为机组 i 的所有路径中的最长路径；$\sum\limits_{j=1}^{k} \omega_{i,j}$ 为机组 i 的所有路径之和。

2. 建立基于粗糙集的带有不确定因子决策系统

通过基于谱聚类算法的黑启动子系统划分方法对电力系统进行初步的分区，得到最初的分区结果。本节在初始的分区结果上，运用粗糙集理论建立了带有不确定因子的决策系统，其具体步骤如下：

(1) 初始分区结束后，记录每个待恢复机组所属的分区标签，分区标签大小为该待恢复机组关于决策属性 D 的权值，最后组成 V_{d} 集合。

(2) 根据分区情况，分别计算每个待恢复机组到 k 个分区黑启动机组的路径长度，路径长度为该待恢复机组关于条件属性 a_k 的权值，最后组成 V_{a_k} 集合。

(3) 统计所有数据，确定 μ 和 i_{mp} 的值，组成带有不确定度的决策表。

(4) 根据决策表，计算各个待恢复机组划入 $\text{POS}_{\text{B}}(D)$ 和 $\text{NEG}_{\text{B}}(D)$ 的误差，并根据初始分区结果，确定要调整的机组个数，从而确定 δ_{P} 和 δ_{N} 的大小。

(5) 筛选出要调整的机组，得到待调整的机组集合。

3.6.3　考虑分区恢复时间的电力系统分区优化模型

电力系统分区优化模型由目标函数和约束条件组成，由式(3.20)来表示：

$$\begin{cases} \max\ f(x) \\ \text{s.t.}\quad g(x) \geqslant 0 \end{cases} \tag{3.20}$$

式中，$f(x)$ 为优化模型的目标函数；$g(x)$ 为需要满足的不等式约束。

1. 目标函数

大停电后电网恢复的根本目标是尽快恢复负荷供电，减少损失，所以用户总是希望停电时间越短越好。但因为最初分区结果只考虑网络的拓扑结构，所以容易造成分区大小不一，恢复时间相差悬殊，恢复时间短的分区需要等恢复时间长的分区恢复完成后才能进行并网，拖延了整个电网的恢复时间，本节以最小化各个分区最长恢复时间为目标，其表达式为

$$f = \max\{T_1, T_2, \cdots, T_k\} \tag{3.21}$$

式中，T_i 为各个分区的恢复时间。优化目标则为通过调整分区内机组的位置，使得 $f(x)$ 尽可能小。

2. 约束条件

对于大停电后系统，其约束条件由不等式约束和等式约束构成。

1)不等式约束

(1)机组启动功率约束。

当启动所有待启动机组时，需要满足机组启动功率约束，即待启动机组所需的启动功率应小于系统此时所能提供的最大功率之和：

$$\sum_i P_i \leqslant P_0 \tag{3.22}$$

式中，P_0 为当前时刻系统所能提供的最大功率之和；$\sum\limits_i P_i$ 为当前待恢复机组所需的启动功率之和。

(2)无功功率和自励磁约束。

当停电电网开始恢复时，会投入大量的空载高压线路向待恢复机组传送启动功率，从而使线路上产生大量的无功功率，如果其超出发电机的吸收能力，就会造成系统无功功率不平衡，所以线路上的无功功率要在发电机能够吸收的范围内，其表达式为

$$\sum_{j=1}^{n_{\mathrm{L}}} Q_{\mathrm{L},j} < \sum_{r=1}^{n_{\mathrm{B}}} Q_r^{\max} \qquad (3.23)$$

式中，$Q_{\mathrm{L},j}$ 为线路 j 产生的无功功率；n_{L} 为当前已经恢复的线路总条数；$Q_r^{\max}$ 为机组 r 所能吸收的最大无功功率；n_{B} 为当前已恢复的机组总数。

同理，对大量的空载高压线路进行充电产生的大量容性无功功率，相当于容性无功负荷，当其过大时，发电机有可能发生参数谐振，其周期性变化的定子电感与线路的容抗参数相配合产生谐振，进而造成系统的自励磁问题。所以，线路上通过高压电抗器补偿后剩余的充电功率要小于机组的额定容量与短路比之积，其表达式为

$$\sum_{j=1}^{n_{\mathrm{L}}} Q_{\mathrm{L},j} < \sum_{i=1}^{n_{\mathrm{B}}} K_{\mathrm{CB},i} S_{\mathrm{B},i} \qquad (3.24)$$

式中，$K_{\mathrm{CB},i}$ 为机组 i 的短路比；$S_{\mathrm{B},i}$ 为机组 i 的额定容量。

为了计算方便，可以将无功功率约束和自励磁约束相统一，合并成系统无功功率约束，其表达式为

$$\sum_{j=1}^{n_{\mathrm{L}}} Q_{\mathrm{L},j} < Q_{\mathrm{b}}, \quad Q_{\mathrm{b}} = \min\left(\sum_{r=1}^{n_{\mathrm{B}}} Q_r^{\max}, \sum_{r=1}^{n_{\mathrm{B}}} K_{\mathrm{CB},i} S_{\mathrm{B},i} \right) \qquad (3.25)$$

(3)潮流和节点电压约束。

$$\begin{cases} P_{\mathrm{G},i}^{\min} \leqslant P_{\mathrm{G},i} \leqslant P_{\mathrm{G},i}^{\max} \\ Q_{\mathrm{G},i}^{\min} \leqslant Q_{\mathrm{G},i} \leqslant Q_{\mathrm{G},i}^{\max} \\ P_{\mathrm{L},i} \leqslant P_{\mathrm{L},i}^{\max} \\ U_i^{\min} \leqslant U_i \leqslant U_i^{\max} \end{cases} \qquad (3.26)$$

式中，$P_{\mathrm{G},i}$ 为机组 i 的有功功率，其必须在发电机 i 有功出力的上下限 $P_{\mathrm{G},i}^{\max}$ 和 $P_{\mathrm{G},i}^{\min}$ 范围内；$Q_{\mathrm{G},i}$ 为机组 i 的无功功率，其必须在发电机无功出力的上下限 $Q_{\mathrm{G},i}^{\max}$ 和 $Q_{\mathrm{G},i}^{\min}$ 范围内；$P_{\mathrm{L},i}$ 为支路 i 上流过的有功功率，其不能超过支路所能承受的有功功率上限 $P_{\mathrm{L},i}^{\max}$；U_i 为节点 i 的电压，其值必须在节点电压的上下限 $U_i^{\max}$ 和 $U_i^{\min}$ 范围内。

2)等式约束

等式约束主要是用来描述系统的潮流平衡，即任一时刻系统中的负荷功率必须等于系统在此时发出的有功功率或无功功率，即

$$\begin{cases} \sum P_{\mathrm{G},i} - \sum P_{\mathrm{L},j} - \sum \Delta P_{\mathrm{S}} = 0 \\ \sum Q_{\mathrm{G},i} - \sum Q_{\mathrm{L},j} - \sum \Delta Q_{\mathrm{S}} = 0 \end{cases} \tag{3.27}$$

式中，$P_{\mathrm{G},i}$ 和 $Q_{\mathrm{G},i}$ 分别为发电机 i 发出的有功功率和无功功率；$P_{\mathrm{L},j}$ 和 $Q_{\mathrm{L},j}$ 分别为编号为 j 的负荷消耗的有功功率和无功功率；ΔP_{S} 和 ΔQ_{S} 分别为系统中各种有功功率损耗和无功功率损耗。

3.6.4　模型求解

电网分区优化模型的优化目标主要通过调整机组的所属分区来满足，使得分区大小均衡，缩短分区间的恢复时间差距，达到优化目标。本节运用改进遗传算法求解电力系统分区模型，步骤如下：

(1)进行参数初始化，将电力系统抽象成有权无向图。

(2)建立适应度函数。

(3)根据基于谱聚类的黑启动子系统划分方法，产生初始种群，并计算所有种群的适应度值。

(4)当 $T < T_{\mathrm{end}}$ 时，进化次数为进化的上限值，判断进化次数是否达到进化上限值或是否连续 40 次进化种群中的最优解不发生改变，若满足，则停止迭代，进行步骤(10)；若不满足，则进行步骤(5)。

(5)基于初始种群，运用基于模拟退火算法的概率 P_k 来进行父代种群的选择操作。

(6)选择出需要进行交叉操作的两个父代种群，基于粗糙集原理，建立两个种群的带有不确定因子的决策表，得到筛选出的待调整机组集合，计算得到交叉概率，然后进行种群交叉操作。

(7)选择出需要进行变异操作的两个父代种群，基于粗糙集原理，建立两个种群的带有不确定因子的决策表，得到筛选出的待调整机组集合，计算得到变异概率，然后进行种群变异操作。

(8)基于模拟退火算法，计算得到当前温度。

(9)得到新种群，计算所有新种群的适应度值，并回到步骤(4)，进行新一轮迭代。

(10)停止迭代条件满足，输出最优解。

3.6.5　算例分析

1. IEEE-10 机 39 节点标准测试系统算例

采用本节提出的黑启动子系统划分方法对 IEEE-10 机 39 节点标准测试系统进

行分区，首先将 IEEE-10 机 39 节点标准测试系统网络抽象成简单的网络拓扑图，并建造 Laplace 矩阵。然后根据预先设置的黑启动机组的个数，确定分区个数为 3，并运用谱聚类和 k-means 聚类算法对其进行聚类，得到最初的分区结果，如图 3.11 所示。得到分区结果后，确定发电机的启动顺序，并按其启动顺序恢复待恢复机组及送电路径，得到最初各个分区的恢复时间，如表 3.11 所示。

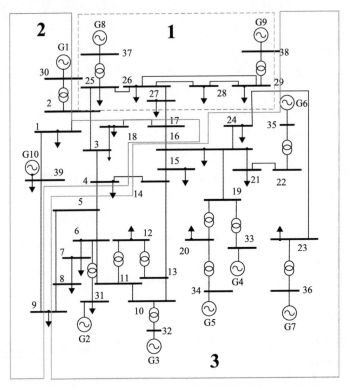

图 3.11　基于谱聚类的 IEEE-10 机 39 节点标准测试系统初始分区结果

表 3.11　IEEE-10 机 39 节点标准测试系统分区恢复路径及时间

分区编号	恢复路径	分区恢复时间/min
1	37-25-26-29-38	20
2	32-10-13-14-15-16-19-33-24-23-36-34-22-35	70
3	30-2-1-39	15

由表 3.11 可以看出，初始的三个分区恢复时间相差悬殊，恢复时间短的分区 3 需要等待 55min，等待恢复时间长的分区 2 恢复完成后才能进行并网，拖慢了整个大电网的恢复进程，证明初始的分区结果并不令人满意，需要进行调整。

因此，运用改进遗传算法对本节所建立的考虑恢复时间的电力系统分区优化模型进行求解，得到的最优分区结果如图 3.12 和表 3.12 所示。

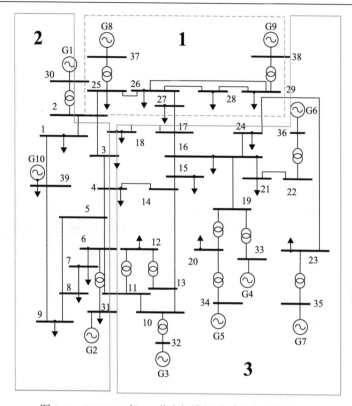

图 3.12　IEEE-10 机 39 节点标准测试系统分区优化结果

表 3.12　IEEE-10 机 39 节点标准测试系统分区恢复优化结果

分区编号	恢复路径	分区恢复时间/min
1	37-25-26-29-38	20
2	32-19-16-21-22-35-20-34-23-36	45
3	30-2-1-39-3-4-14-13-10-32	45

由图 3.11 和图 3.12 可以看出，分区 2 和分区 3 的覆盖区域有所变化，所覆盖节点有所调整。通过初始分区恢复时间与优化后的分区恢复时间比较，恢复时间最短的分区 1 需要 20min 恢复完成，而分区 2 和分区 3 恢复时间均为 45min，三个分区之间的恢复时间差为 25min，与初始分区的 55min 相比，大大缩短。优化后的各个分区的恢复时间更为均衡协调，时间差距不大，可以大大缩短停电后大系统恢复所需的时间，证明本节改进遗传算法的有效性。

2. IEEE-118 节点标准测试系统算例

IEEE-118 节点标准测试系统拥有 53 台发电机组、65 个母线节点、177 条线路以及 9 台变压器组，系统结构图如图 3.13 所示。

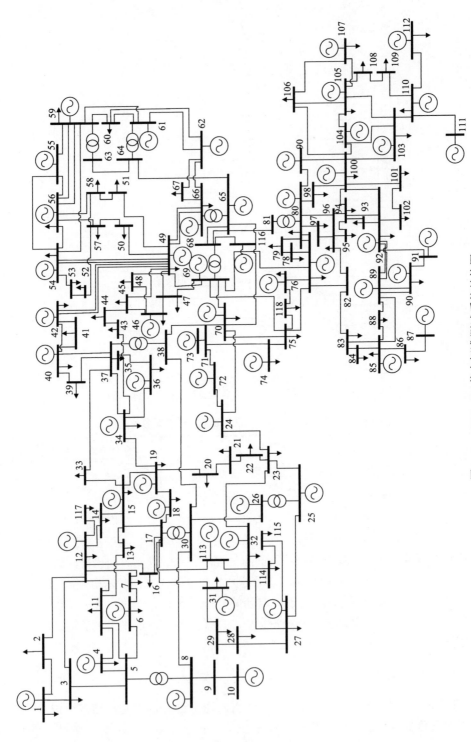

图 3.13　IEEE-118 节点标准测试系统结构图

本节假设的仿真场景为：电力系统处于黑启动初期，拥有 3 台具有自启动能力的机组作为黑启动电源，分别为 1 节点、42 节点、24 节点，其装机容量分别为 30MW、600MW、600MW，所有发电机节点的启动特性如表 3.13 所示(其中，BS 表示黑启动电源，NBS 表示非黑启动机组)，恢复一条基本输电线路和含变压器线路的时间均为 5min。

表 3.13　IEEE-118 节点标准测试系统电源启动特性

节点编号	机组	容量/MW	启动功率/MW	爬坡率/(MW/min)	最小无功出力/MVar	最大无功出力/MVar
1	BS	30	1.41	0.6	−5	15
4	NBS	600	43.2	12	−300	300
6	NBS	60	3.3	1.2	−13	30
8	NBS	600	28.8	12	−300	300
10	NBS	400	34	8	−147	200
12	NBS	240	11.952	4.8	−35	120
15	NBS	60	5.28	1.2	−10	30
18	NBS	100	7.8	2	−16	50
19	NBS	48	3.168	0.96	−8	24
24	BS	600	46.2	12	−300	300
25	NBS	280	18.48	5.6	−47	130
26	NBS	2000	170	40	−1000	1000
27	NBS	600	27	12	−300	300
31	NBS	600	53.4	12	−300	300
32	NBS	84	7.98	1.68	−14	42
34	NBS	48	3.264	0.96	−8	24
36	NBS	48	2.688	0.96	−8	24
40	NBS	600	41.28	12	−300	300
42	BS	600	45.48	12	−300	300
46	NBS	200	15.96	4	−100	100
49	NBS	420	19.152	8.4	−85	210
54	NBS	600	59.4	12	−300	300
55	NBS	46	3.6708	0.92	−8	23
56	NBS	30	2.64	0.6	−8	15
59	NBS	360	35.28	7.2	−60	180
61	NBS	600	33.96	12	−100	300
62	NBS	40	3.072	0.8	−20	20

节点编号	机组	容量/MW	启动功率/MW	爬坡率/(MW/min)	最小无功出力/MVar	最大无功出力/MVar
65	NBS	400	23.92	8	−67	200
66	NBS	400	27.08	8	−67	200
70	NBS	64	4.3328	1.28	−10	32
72	NBS	200	17.1	4	−100	100
73	NBS	200	13.98	4	−100	100
74	NBS	18	0.8964	0.36	−6	9
76	NBS	46	4.5402	0.92	−8	23
77	NBS	140	8.218	2.8	−20	70
80	NBS	560	50.176	11.2	−165	280
85	NBS	46	3.2108	0.92	−8	23
87	NBS	2000	139.6	40	−100	1000
89	NBS	600	34.02	12	−210	300
90	NBS	600	46.02	12	−300	300
91	NBS	200	17.34	4	−100	100
92	NBS	18	1.0764	0.36	−3	9
99	NBS	200	15.96	4	−100	100
100	NBS	310	21.297	6.2	−50	155
103	NBS	80	6.368	1.6	−15	40
104	NBS	46	2.7508	0.92	−8	23
105	NBS	46	4.531	0.92	−8	23
107	NBS	400	19.12	8	−200	200
110	NBS	46	3.1602	0.92	−8	23
111	NBS	2000	137.4	40	−100	1000
112	NBS	2000	139.6	40	−100	1000
113	NBS	400	23.92	8	−100	200
116	NBS	2000	119.6	40	−1000	1000

同样，首先采用本节提出的黑启动子系统划分方法对 IEEE-118 节点标准测试系统进行分区，首先将 IEEE-118 节点标准测试系统网络抽象成简单的网络拓扑图，并建造 Laplace 矩阵。然后根据预先设置的黑启动机组的个数，确定分区个数为 3，并运用谱聚类和 k-means 聚类算法对其进行聚类，得到最初的分区结果，如图 3.14 所示。得到分区结果后，确定发电机的启动顺序，并按其启动顺序恢复待恢复机组，得到最初各个分区的恢复时间，如表 3.14 所示。

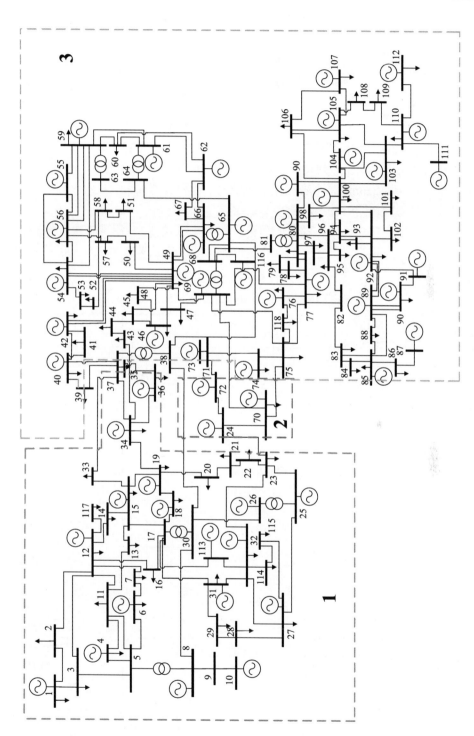

图 3.14 IEEE-118 节点标准测试系统初始分区结果

表 3.14　IEEE-118 节点标准测试系统初始分区恢复结果

分区编号	分区内恢复的机组	分区恢复时间/min
1	1,4,6,8,10,12,15,18,19,25,26,27,31,32,34,36,113	115
2	42,46,49,54,55,56,59,61,62,65,66,70,73,74,76,77,80,85,87,89,90, 91,92,99,100,103,104,105,107,110,111,112,116	210
3	24,40,72	45

由表 3.14 可以看出，初始的三个分区恢复时间十分不理想，分区 3 只有三个待恢复机组，所以其恢复时间特别短，只有 45min。而分区 2 拥有 33 个待恢复机组，恢复时间长达 210min，两者相差十分巨大，需要调整大量的机组，减小三个分区最终恢复时间之间的差距。

在此基础上，首先运用粗糙集的理论方法，按照式 (3.15) 确定不确定度 μ，并根据初始分区结果确定重要度 i_{mp}、误差 δ_P 和 δ_N，建立带有不确定因子的决策表，如表 3.15 所示。

表 3.15　IEEE-118 节点标准测试系统决策表

发电机 节点	分区 情况	与分区 1 黑启动 节点距离	与分区 2 黑启动 节点距离	与分区 3 黑启动 节点距离	μ	i_{mp}	POS(x)	NEG(x)
1	1	0	8	10	0.56	0.80	0.44	0.56
4	1	3	8	10	0.48	0.80	0.52	0.48
6	1	3	8	10	0.48	0.80	0.52	0.48
8	1	3	9	11	0.48	0.80	0.52	0.48
10	1	5	11	13	0.45	0.80	0.55	0.45
12	1	2	6	8	0.50	0.80	0.50	0.50
15	1	4	4	6	0.43	0.80	0.57	0.43
18	1	5	5	6	0.38	0.80	0.62	0.38
19	1	5	4	5	0.36	0.8.0	0.64	0.36
25	1	10	9	2	0.48	0.80	0.52	0.48
26	1	11	10	3	0.46	0.80	0.54	0.46
27	1	7	9	3	0.48	0.80	0.52	0.48
31	1	5	7	3	0.47	0.80	0.53	0.47
32	1	6	8	2	0.50	0.80	0.50	0.50
34	1	6	3	6	0.40	0.60	0.60	0.40
36	1	7	4	7	0.39	0.80	0.61	0.39
113	1	5	7	8	0.40	0.80	0.60	0.40
42	2	8	0	9	0.53	0.60	0.47	0.53
46	2	10	3	4	0.59	0.60	0.41	0.59
49	2	10	1	3	0.71	0.60	0.29	0.71
54	2	11	2	4	0.65	0.60	0.35	0.65
55	2	14	5	7	0.54	0.60	0.46	0.54

续表

发电机节点	分区情况	与分区 1 黑启动节点距离	与分区 2 黑启动节点距离	与分区 3 黑启动节点距离	μ	i_{mp}	POS(x)	NEG(x)
56	2	13	4	6	0.57	0.60	0.43	0.57
59	2	14	5	7	0.54	0.60	0.46	0.54
61	2	13	4	6	0.57	0.60	0.43	0.57
62	2	12	3	5	0.60	0.60	0.40	0.60
65	2	12	3	5	0.60	0.60	0.40	0.60
66	2	11	2	4	0.65	0.60	0.35	0.65
70	2	11	3	1	0.73	0.40	0.27	0.73
73	2	13	5	3	0.62	0.40	0.38	0.62
74	2	12	4	2	0.67	0.40	0.33	0.67
76	2	14	4	4	0.64	0.40	0.36	0.64
77	2	13	3	3	0.68	0.40	0.32	0.68
80	2	14	4	4	0.64	0.40	0.36	0.64
85	2	16	6	6	0.57	0.40	0.43	0.57
87	2	18	8	8	0.53	0.40	0.47	0.53
89	2	19	9	10	0.50	0.60	0.50	0.50
90	2	20	10	11	0.49	0.60	0.51	0.49
91	2	19	9	10	0.50	0.60	0.50	0.50
92	2	18	8	9	0.51	0.60	0.49	0.51
99	2	15	5	5	0.60	0.40	0.40	0.60
100	2	16	6	6	0.57	0.40	0.43	0.57
103	2	17	7	7	0.55	0.40	0.45	0.55
104	2	17	7	7	0.55	0.40	0.45	0.55
105	2	18	8	8	0.53	0.40	0.47	0.53
107	2	18	8	8	0.53	0.40	0.47	0.53
110	2	18	8	8	0.53	0.40	0.47	0.53
111	2	19	9	9	0.51	0.40	0.49	0.51
112	2	19	9	9	0.51	0.40	0.49	0.51
116	2	13	4	4	0.62	0.40	0.38	0.62
24	3	10	9	0	0.53	0.90	0.47	0.53
40	3	7	1	8	0.50	0.90	0.50	0.50
71	3	11	5	1	0.65	0.90	0.45	0.65

　　根据初始分区结果，确定误差为 $\delta_P = 0.5$ 和 $\delta_N = 0.6$，因为系统规模较大，不限制要调整的机组个数，并且再设置一个筛选条件：在分区 2 中，当机组到分区 3 黑启动机组的路径小于到分区 2 黑启动机组的路径时，同样将机组筛选到要调整的机组集合中。经过调整后的分区结果如图 3.15 所示，分区恢复时间如表 3.16 所示。

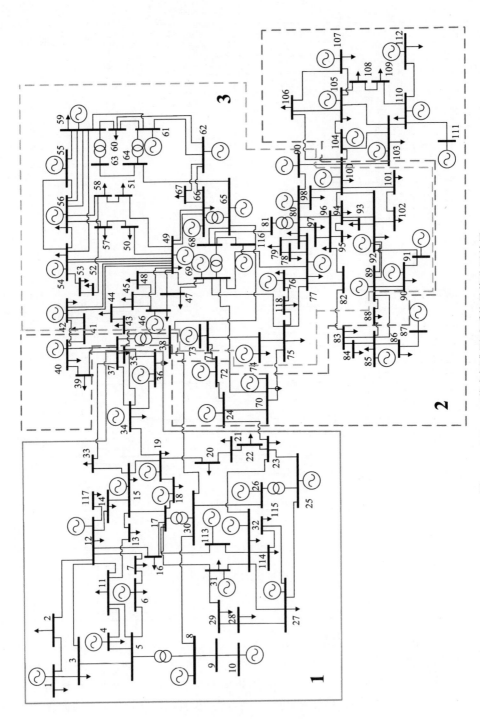

图 3.15 IEEE-118 节点标准测试系统最终分区结果

表 3.16　IEEE-118 节点标准测试系统最终分区恢复结果

分区编号	分区内恢复的机组	分区恢复时间/min
1	1,4,6,8,10,12,15,18,19,25,26,27,31,32,34,36,113	115
2	42,46,49,54,55,56,59,61,62,65,66,73,74,76,89,90,91,92,99,116	145
3	24,40,70,72,77,80,85,87,100,103,104,105,107,110,111,112	140

将图 3.14 与图 3.15 相比，可以清晰地看出，分区 2 中的一部分节点被调整到分区 3 中，分区结构更加平衡。而从表 3.16 可以看出，本节改进遗传算法对于分区恢复的效果很明显，初始分区中率先恢复的分区 3 需要等待 70min，等到分区 2 恢复完成后才能进行并网动作。而优化结果中，率先恢复的分区 1 只需等待 30min 就可以进行并网动作，分区之间的恢复时间差大大缩短，系统的恢复效率得到了提高。三个分区经过调整，分区规模大小相当，分区内待恢复机组个数也更加均衡，各个分区恢复时间之间的差距也大大缩小，由此看出本节改进遗传算法的有效性。

3.7　本 章 小 结

能源互联电网中的 FCB 机组能够在电网大停电后保持发电机运行，在电网恢复过程中作为黑启动电源。本章提出了基于改进 GN 分裂算法的含 FCB 机组能源互联电网的分区策略。对停电后的电网，根据电网中保证正常运行的 FCB 机组数量，采用改进 GN 分裂算法快速将电网划分为多个分区，并行恢复各分区，实现电网的快速恢复。仿真结果表明，本章提出的改进 GN 分裂算法能够根据黑启动机组数量自动划分相应数量的分区，并校验分区的功率平衡和每个分区内至少包含一个黑启动机组的要求。分区之后的停电系统，可以以每个 FCB 机组为黑启动电源进行网架重构，从而加快系统的恢复进程。

参 考 文 献

[1] 孟宪朋, 么莉, 林济铿, 等. 天津电网黑启动方案[J]. 电力自动化设备, 2008, 28(2): 108-112.

[2] 谌军, 曾勇刚, 杨晋柏, 等. 南方电网黑启动方案[J]. 电力系统自动化, 2006, 30(9): 80-83, 87.

[3] 刘政, 侯进峰, 肖利民, 等. 河北省南部电网黑启动方案研究[J]. 河北电力技术, 2005, 24(2): 14-16, 37.

[4] 徐青山. 电力系统故障诊断及故障恢复[M]. 北京: 中国电力出版社, 2007.

[5] 王洪涛, 袁森, 邱夕兆, 等. 遵循 PDCA 循环的山东电网黑启动试验[J]. 电力自动化设备, 2010, 30(2): 145-149.

[6] Blumsack S, Hines P, Patel M, et al. Defining power network zones from measures of electrical distance[C]. IEEE Power & Energy Society General Meeting, Calgary, 2009: 1-8.

[7] Wang C, Vittal V, Sun K. OBDD-based sectionalizing strategies for parallel power system restoration[J]. IEEE Transactions on Power Systems, 2011, 26(3): 1426-1433.

[8] 吴烨, 房鑫炎, 张焰, 等. 基于禁忌搜索算法的黑启动子系统划分[J]. 电力系统保护与控制, 2010, 38(10): 6-11.

[9] 梁海平, 顾雪平. 基于节点电压相近度的黑启动子系统划分方法研究[J]. 电力系统保护与控制, 2013, 41(14): 81-86.

[10] Lin Z Z, Wen F S, Chung C Y, et al. Division algorithm and interconnection strategy of restoration subsystems based on complex network theory[J]. IET Generation, Transmission & Distribution, 2011, 5(6): 674-683.

[11] 梁海平, 顾雪平. 基于谱聚类的黑启动子系统划分[J]. 电网技术, 2013, 37(2): 372-377.

[12] Quirós-Tortós J, Wall P, Ding L, et al. Determination of sectionalising strategies for parallel power system restoration: A spectral clustering-based methodology[J]. Electric Power Systems Research, 2014, 116: 381-390.

[13] Quirós-Tortós J, Panteli M, Wall P, et al. Sectionalising methodology for parallel system restoration based on graph theory[J]. IET Generation, Transmission & Distribution, 2015, 9(11): 1216-1225.

[14] 刘映尚, 吴文传, 冯永青, 等. 黑启动过程中的负荷恢复[J]. 电网技术, 2007, 31(13): 17-22.

[15] 孙磊, 张璨, 林振智, 等. 大停电后电力系统黑启动分区的两步策略[J]. 电力自动化设备, 2015, 35(9): 14-21.

[16] 顾雪平, 韩忠晖, 梁海平. 电力系统大停电后系统分区恢复的优化算法[J]. 中国电机工程学报, 2009, 29(10): 41-46.

[17] Orero S O, Irving M R. A genetic algorithm for network partitioning in power system state estimation[C]. IET International Conference on Control, Exeter, 1996: 162-165.

[18] Afrakhte H, Haghifam M R. Optimal islands determination in power system restoration[J]. Iranian Journal of Science and Technology, 2009, 33(B6): 463.

[19] Liu W J, Lin Z Z, Wen F S, et al. Sectionalizing strategies for minimizing outage durations of critical loads in parallel power system restoration with bi-level programming[J]. International Journal of Electrical Power & Energy Systems, 2015, 71: 327-334.

[20] 芦佳硕. 考虑路径转移系数的电网黑启动分区恢复策略的研究[D]. 北京: 华北电力大学, 2013.

[21] 刘玉田, 王洪涛, 叶华. 电力系统恢复理论与技术[M]. 北京: 科学出版社, 2014.

[22] 王家胜, 邓彤天, 冉景川. 火电机组在孤(小)网中的启动及运行方式研究[J]. 电力系统自动化, 2008, 32(21): 102-106.

[23] 金生祥. 机组甩负荷小岛运行对电网的意义[J]. 中国电力, 2002, 35(11): 7-11.

[24] Fink L H, Liou K L, Liu C C. From generic restoration actions to specific restoration strategies[J]. IEEE Transactions on Power Systems, 1995, 10(2): 745-752.

[25] Adibi M, Clelland P, Fink L, et al. Power system restoration——A task force report[J]. IEEE Transactions on Power Systems, 1987, 2(2): 271-277.

[26] 陈彬, 王洪涛, 曹曦. 计及负荷模糊不确定性的网架重构后期负荷恢复优化[J]. 电力系统自动化, 2016, 40(20): 6-12.

[27] Luxburg U. A tutorial on spectral clustering[J]. Statistics and Computing, 2007, 17(4): 395-416.

[28] Newman M E J, Girvan M. Finding and evaluating community structure in networks[J]. Physical Review E, 2004, 69(2): 026113.

[29] Clauset A, Newman M E J, Moore C. Finding community structure in very large networks[J]. Physical Review E, 2004, 70(6): 066111.

[30] 林振智, 文福拴, 周浩. 基于复杂网络社团结构的恢复子系统划分算法[J]. 电力系统自动化, 2009, 33(12): 12-16, 42.

[31] 黄志岭, 田杰. 基于详细直流控制系统模型的 EMTDC 仿真[J]. 电力系统自动化, 2007, 32(2): 45-48.

[32] 刘映尚, 吴文传, 冯永青, 等. 基于有序二元决策图的黑启动分区搜索策略[J]. 中国电机工程学报, 2008, 28(10): 26-31.

[33] 刘崇茹, 邓应松, 卢恩, 等. 大停电后发电机启动顺序优化方法[J]. 电力系统自动化, 2013, 37(18): 55-59.

[34] 王立地, 姚金环. FCB 功能的成功应用与一种新的实现方案[J]. 自动化仪表, 2004, 25(6): 48-52.

[35] Hou Y H, Liu C C, Sun K, et al. Computation of milestones for decision support during system restoration[C]. IEEE Transactions on Power Systems, Detroit, 2011: 1399-1409.

[36] Adibi M M, Alexander W, Avramovic B. Overvoltage control during restoration[J]. IEEE Power Engineering Review, 1992, 12(11): 43.

[37] 王洪涛, 刘玉田. 基于 NSGA-II 的多目标输电网架最优重构[J]. 电力系统自动化, 2009, 33(23): 14-18.

[38] Zhang Q H, Xie Q, Wang G Y. A survey on rough set theory and its applications[J]. CAAI Transactions on Intelligence Technology, 2016, 1(4): 323-333.

[39] 王培吉, 赵玉琳, 吕剑峰. 粗糙集属性约简的方法[J]. 计算机工程与应用, 2012, 48(2): 113-115, 129.

第 4 章 适应多样化电源快速恢复的
发电机启动顺序优化方法

4.1 概 述

在停电电网分区完成后，各分区将会并行恢复分区内的发电机、输电线路和负荷，该阶段称为系统恢复阶段。传统的系统恢复阶段根据已确定的恢复顺序恢复输电线路、非黑启动机组以及重要负荷，逐步扩大恢复范围。然而，由于能源互联电网的分区是通过动态分区获取的，所以各分区内的发电机启动顺序也需要根据分区的情况快速求解。由于发电机启动时间受到输电线路恢复路径的约束，如何在机组启动顺序优化中考虑输电线路恢复路径成为能源互联电网快速生成恢复路径的技术难点。因此，本章对能源互联电网发电机启动顺序优化方法进行总结，包括机组启动顺序与恢复路径非线性耦合建模、机组启动顺序优化和恢复路径优化迭代求解以及两个优化模型同时求解的混合整数模型。

4.2 发电机启动顺序优化方法

4.2.1 基于排序法的机组启动顺序优化

排序法首先生成大量拓扑可行的备选方案，设定各备选方案的恢复次序，随后建立网架重构的评价指标体系，根据决策目标对所有备选方案排序选择最终方案。现有的备选方案生成方法主要包括基于图遍历的广度优先算法[1,2]和深度优化算法[3]、专家系统[4,5]、智能算法[6]。备选方案的评价指标受多种因素影响，现有研究主要集中于备选方案评估方法，主要包括案例推理(case based reasoning, CBR)法[7,8]、层次分析方法(analytic hierarchy process, AHP)[9]、数据包络分析(data envelopment analysis, DEA)[10,11]，以及 DEA 和 AHP 相结合的方法，DEA 评判两两分组方案的相对效率，AHP 计算判断矩阵完成最终方案排序[12,13]。为提高决策方案的可靠性，人们对综合多方意见的群体决策技术[14,15]和方案评价指标体系[16,17]方面也开展了大量的研究。

排序法[18]首先生成大量拓扑可行的备选方案，设定各备选方案的恢复次序，随后建立机组启动顺序的评价指标体系，根据决策目标对所有备选方案排序选择最终方案。

排序法分两步完成整个决策过程,方案生成环节产生备选方案组,然后根据评价指标对备选方案进行排序和优选。这种分步处理的方法将机组启动顺序优化的多目标问题和复杂的电气特性纳入评价指标体系。当备选方案具有足够代表性时,最终选择的系统恢复方案能够准确反映出决策者意图。但排序法通常依赖大量的备选方案,完成所有备选方案的评估需要耗费大量的时间,且当系统拓扑发生变化时,备选方案需要重新生成,使得排序法的寻优效率较低。因此,现有研究主要采用优化求解的方法生成发电机启动顺序。但是由于发电机启动时间受输电线路恢复路径的约束,目前发电机启动顺序优化模型包括非线性耦合模型、线性解耦模型和线性耦合模型三个方面。

4.2.2　机组启动顺序与恢复路径非线性耦合模型

机组启动顺序优化问题与恢复路径优化问题之间的耦合关系,以及恢复阶段的非线性约束可以通过建立非线性耦合模型进行求解。现有非线性耦合模型研究中根据机组启动顺序优化方式的不同可以分为以下三种:

(1)通过优化目标网架优化机组启动顺序。以恢复重要负荷最多[19]、恢复时间最短、恢复风险最小[20]、网架重构效率最高[21]为恢复目标集,以潮流约束、功率约束、电压约束、自励磁约束、连通性约束为约束集,通过建立停电系统电气类[22]或网络拓扑类[23,24]评价指标,利用智能算法[25,26]优化目标网架,进而优化机组启动顺序。

(2)通过优化机组恢复路径优化机组启动顺序。通过构建电力系统网络拓扑模型,以输电线路的投运状态为决策变量,以输电线路投运影响、节点重要度和边重要度为权值因子,以系统安全性约束、功率约束和连通性约束为约束集,在优先满足机组及重要负荷供电需求的基础上,将恢复网架在停电网络中尽可能铺展开[27],通过智能算法[28,29]和分时步优化[30,31]确定机组恢复路径,进而求解机组启动顺序。

(3)直接优化机组启动顺序。以系统恢复过程中机组总发电量最大为目标,计及连通性约束、机组属性以及系统安全性约束,建立机组启动顺序非线性优化模型,通过禁忌搜索算法[32]、模拟退火算法[25,33]、人工蜂群(artificial bee colony, ABC)算法[34]、萤火虫算法[19]、反向传播(back propagation, BP)神经网络[35]、遗传算法[26]、群智能算法[36]求解机组启动顺序。但是,用于求解非线性耦合模型的各种智能算法通常会收敛于局部最优解,求解效率低且不能保证解的收敛性。

4.2.3　机组启动顺序与恢复路径线性解耦模型

将机组启动顺序优化问题建模为线性解耦模型,通过数学规划、整数规划[28]、非线性规划[29]、动态规划[28]、拉格朗日松弛等方法可以有效解决智能算法求解效率低、不能保证解的收敛性和机组恢复顺序最优性等问题。在现有线性解耦模型研究中，根据连通性约束处理方式的不同主要可以分为两种。

1) 机组启动顺序优化与恢复路径优化解耦模型

文献[37]提出一种包含机组启动顺序模型和分区模型的输电系统综合恢复模型。其中，基于网络流理论的快速分区模型以各分区内发电-负荷基本平衡为目标，基于混合整数规划理论的机组启动顺序优化模型以各分区恢复时间最短为目标，通过分区优化-机组启动顺序优化迭代求解。其中，机组启动顺序优化模型忽略了连通性约束对机组启动顺序的影响，使该模型只适用于停电系统中黑启动机组较多、分区规模较小的场景。文献[38]提出一种基于动态规划的大停电后配电网恢复模型，在满足有功功率平衡和频率偏差限制的约束下，快速求得恢复方案。但是，动态规划算法本身受到决策变量数量的限制，只能应用于规模较小、决策变量较少的配电系统。文献[39]提出一种基于拉格朗日松弛算法的配电系统恢复方案，计算过程中利用次梯度迭代进行拉格朗日乘数向量的选择，以获得恢复计划，其本质是将配电系统恢复过程转换为最小化成本问题。该方法将恢复过程分为多个时步，根据各节点在各时步的状态确定其恢复时间和恢复顺序。由于忽略了连通性约束对机组启动顺序优化的影响，所以此类模型只适用于系统规模较小的输电系统和配电系统[40]。

2) 机组启动顺序优化与恢复路径优化迭代模型

文献[28]提出一种机组启动顺序优化与恢复路径优化迭代模型。首先，利用基于混合整数规划的机组启动顺序优化模型求解未启动机组恢复顺序；然后，利用输电线路恢复模型校验机组连通性约束及系统安全性约束。通过分阶段求解、分时步优化的方法求解同时计及机组属性、连通性约束及系统安全性约束的机组并行启动顺序的恢复方案。仿真结果表明，该算法提供的解决方案的求解效率明显优于智能算法。但是，将连通性约束以恢复路径校验的方式加入机组启动顺序优化模型中弱化了连通性约束对机组启动顺序的影响。

4.2.4　机组启动顺序与恢复路径线性耦合模型

将机组启动顺序优化问题建模为线性耦合模型可以充分考虑机组启动顺序与恢复路径优化之间的耦合关系。文献[41]将机组启动顺序模型和输电线路恢复模型建模为统一的混合整数规划模型，充分考虑连通性约束对机组启动顺序的影响，增加了恢复过程中总发电量和可用有功功率。但是，该模型利用每段输电线路恢复时间与恢复路径所经线路数乘积作为非黑启动机组连通性约束，将所有输电线路恢复时间强制固定为同一数值，与恢复过程中由电压等级、有无变压器等因素导致的各输电线路恢复时间有所差异的实际情况不符。

此外，文献[28]、[37]、[41]建立的线性模型只能生成非黑启动机组并行恢复方案。输电线路投运过程中因对地电容产生的大量无功功率会造成系统电压升高，在系统恢复初期，系统中可用功率较低，同时为多条输电线路进行充电的并行恢复方案会导致已恢复系统电压水平升高，与电力系统停电恢复初期串行恢复的实际需求不符。

综上所述，非线性耦合模型求解效率较低且不能保证解的收敛性；线性解耦模型弱化了连通性约束在机组启动顺序优化过程中的作用，不能获得全局最优解；现有线性耦合模型不能灵活设置输电线路恢复时间且不能提供机组串行恢复方案。

4.3　机组启动顺序与恢复路径非线性耦合模型

机组启动顺序优化问题中的连通性约束难以解析表达，本节将介绍现有的机组启动顺序与恢复路径非线性耦合模型的建模及求解方法。首先，建立机组启动顺序与恢复路径非线性耦合模型；然后，利用人工蜂群算法对该模型在 IEEE-10 机 39 节点系统中进行仿真分析。

4.3.1　优化目标

电力系统停电恢复过程的最终目标是尽快完成系统恢复。为了提高系统恢复效率、减少负荷损失，本节以系统恢复过程中系统总发电量最大为目标函数，其数学表达式为

$$E_{\text{sys}} = \sum_{g \in \Omega^{\text{G}}} (E_{g,\text{gen}} - E_{g,\text{crank}}) \tag{4.1}$$

式中，E_{sys} 为系统恢复过程中的机组总发电量；$E_{g,\text{gen}}$ 为机组 g 在恢复过程中的总发电量；$E_{g,\text{crank}}$ 为机组 g 在启动过程中的总耗电量；Ω^{G} 为停电系统中所有机组的集合。

4.3.2　约束条件

电力系统大停电后的机组启动过程非常复杂，包含锅炉点火、高压缸预热、汽轮机冲转、机组并网等过程，以及最大热启动时限、最小冷启动时限、最小技术出力等技术约束。为了构建发电机出力模型，需要对发电机启动过程以及技术约束进行简化。

1. 启动功率约束

启动功率约束是指非黑启动机组启动时已恢复系统中的可用有功功率必须大于或等于该机组启动过程所需功率。

$$P(k) + \sum_{g=1}^{n_G} e_g \left[P_g(t+\Delta t) - P_g(t) \right] - \sum_{i=1}^{n_G} c_i C_i \geqslant 0 \tag{4.2}$$

式中，$P(k)$ 为黑启动机组在本时步内可以提供的有功功率；$\sum_{g=1}^{n_G} e_g \left[P_g(t+\Delta t) - P_g(t) \right]$ 为已并网的非黑启动机组在本时步内的有功功率增量，其中，e_g 是表示机组 g 并网状态的 0-1 变量(当机组 g 并网发电时，$e_g=1$，否则，$e_g=0$)；$c_i C_i$ 为机组 i 恢复所需的启动功率，其中 c_i 是表示机组 i 投运状态的 0-1 变量(当机组 i 处于启动阶段时，$c_i=1$，否则，$c_i=0$)。

2. 冷热启动时限约束

机组的启动时限受到机组属性的影响，存在最大热启动时限和最小冷启动时限两个启动时限约束。一旦机组无法在最大热启动时限内进入恢复阶段，则必须推迟到最小冷启动时限后才能进行恢复。

$$t_g^{start} \leqslant T_g^{max} \tag{4.3}$$

$$t_g^{start} \geqslant T_g^{min} \tag{4.4}$$

式中，t_g^{start} 为机组 g 的恢复时间；T_g^{max} 为机组 g 的最大热启动时限；T_g^{min} 为机组 g 的最小冷启动时限。

3. 潮流约束和节点电压约束

为了保证恢复方案的可行性，需要对已恢复区域内输电线路的传输功率和节点电压进行限制。

$$P_i \leqslant P_i^{max}, \quad i=1,2,\cdots,n_L \tag{4.5}$$

$$U_i^{min} \leqslant U_i \leqslant U_i^{max}, \quad i=1,2,\cdots,n_b \tag{4.6}$$

式中，P_i 为线路 i 上的传输功率；n_L 为已恢复区域线路总数；U_i 为节点 i 的电压；n_b 为已恢复区域节点数。

4. 连通性约束

连通性约束是表示系统拓扑结构的非线性约束且难以解析表达。为了计及连通性约束对机组启动顺序的影响，该模型通过首先优化机组恢复顺序，然后优化机组恢复路径，最后确定机组恢复时间的方法来满足连通性约束。

4.3.3　机组启动顺序优化与恢复路径优化的耦合关系处理

机组启动顺序优化问题与恢复路径优化问题之间的耦合关系处理是系统恢复研究中最重要的问题之一。其中，机组启动顺序优化问题主要受机组属性(包括启动功率、启动时间、爬坡率、额定出力、冷热启动时限)影响，通过优化各机组恢复顺序或恢复时间完成恢复过程中系统总发电量最大的目标；恢复路径优化问题主要受系统拓扑结构(包括各母线之间的连接关系、各输电线路传输功率限值)影响，通过优化恢复路径保证目标机组按计划恢复[42]。其中，连通性约束的非线性表达是造成该模型非线性的主要原因。机组启动顺序优化问题与恢复路径优化问题之间的耦合关系主要表现为：

(1)机组启动顺序优化会影响恢复路径选择；

(2)恢复路径优化会影响已恢复区域范围；

(3)已恢复区域会影响下一阶段的机组启动顺序优化及恢复路径优化；

(4)因违反连通性约束修改某一机组恢复时间会影响全部待启动机组启动顺序的全局最优性。

为了处理机组启动顺序优化问题与恢复路径优化问题之间的耦合关系，该模型将机组启动顺序优化问题分解为机组启动顺序优化与目标机组恢复路径优化两个部分。先求解全部非黑启动机组恢复顺序，再利用 Dijkstra 算法为目标机组优化恢复路径并计算目标函数，利用智能算法进行求解。

4.3.4　求解算法

电网恢复路径的优化涉及机组的启动顺序优化和待恢复机组送电路径优化两个方面。在发电机组启动顺序确定的情况下，可以通过局部优化算法搜索机组的恢复路径，但是当机组的恢复顺序改变时，系统的恢复效果和恢复代价也会不同。

电网恢复路径优化问题属于带约束的组合优化问题，若采用经典的遍历搜索，则可能造成组合爆炸，存在耗时过长的问题。因此，本节选择人工蜂群算法进行求解，由于人工蜂群算法每次迭代时都进行全局搜索和局部搜索，收敛速度较快，算法的鲁棒性较强，且简单易于实现，本节尝试采用该算法对机组的启动顺序进行优化。

本节采用分步优化的策略，提出采用人工蜂群算法优化机组的启动顺序，在确定机组恢复顺序的情况下，采用改进 Dijkstra 算法生成已恢复系统到待恢复机组的最短送电路径，并进行约束条件的校验，最终得到单位时间内发电量最大，并且满足系统安全运行要求的机组恢复顺序和恢复路径。

1. 人工蜂群算法原理

1) 人工蜂群算法的生物模型

蜜蜂是一种典型的群居昆虫，通过合理分工，总能以极高的效率寻找到距离适中、质量较高的蜜源，并适应各种环境。

蜂群在采蜜的过程中经过自然进化的积累形成了一套以蜜源和采蜜蜂为两个基本要素的智能模型。蜂群中的蜜蜂在采蜜过程中职责清晰、分工明确，分别扮演侦察蜂、引领蜂和跟随蜂的角色，确保采蜜行动高效有序进行。蜜蜂采蜜过程中有两种最基本的行为：①当某只蜜蜂寻找到一处优质的蜜源时，蜜蜂将回到蜂巢，引导其他的蜜蜂来此处采蜜；②当某只蜜蜂寻找到的蜜源的质量不够好时，将舍弃这个蜜源，转为侦察蜂随机寻找新的蜜源。下面是对蜜源、引领蜂、跟随蜂和侦察蜂的简要介绍：

(1)蜜源(food source)。蜜源的质量对蜜蜂采蜜的行为有直接影响，优质的蜜源能够吸引更多的蜜蜂来开采。一个蜜源的质量是从它的丰富程度、开采难易程度和距离蜂巢的远近等多方面因素来衡量的。在实际应用时，使用单一的参数，即蜜源的收益度(profitability)来代表以上各个因素。

(2)引领蜂(employed foragers)。寻找和开采蜜源是引领蜂的主要工作，它的数量与蜜源一一对应。引领蜂能记录找到的蜜源信息(如丰富程度、开采的难易程度、距离蜂巢的远近等)，返回蜂巢后，以舞蹈的形式向其他蜜蜂分享蜜源信息。

(3)跟随蜂(onlookers)。跟随蜂在蜂巢中等待，观察引领蜂在蜂巢舞蹈区分享的舞蹈以确定蜜源的收益度(与舞蹈剧烈程度、持续时间等相关)，并依据收益度来选择引领蜂进行跟随，选定了跟随的引领蜂后，跟随蜂将开采该引领蜂对应的蜜源，避免了跟随蜂寻找优质蜜源的盲目性。

(4)侦察蜂(scouts)。侦察蜂在蜂巢的附近寻找质量高的蜜源来代替之前质量差的蜜源，其数量一般占整个蜂群数量的 5%～20%。

在蜂群采蜜过程中，蜜蜂的角色在特定情况下是可以互相转换的，转换关系如图 4.1 所示。

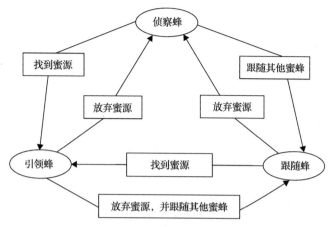

图 4.1　三种蜜蜂角色转换示意图

在蜂群刚开始采蜜时，一部分蜜蜂飞出蜂巢外出寻找蜜源，此时没有线索的指引，所有蜜蜂在蜂巢附近进行撒网式搜索，扮演的角色是侦察蜂。当侦察蜂找到某处蜜源时，会进行采蜜行为，同时将该蜜源的有关信息记录下来，返回蜂巢后，将该信息与其他蜜蜂共享；而在蜂巢等待的蜜蜂的角色则为跟随蜂。

引领蜂完成采蜜，回到蜂巢后可能会有以下行为：

（1）通过舞蹈和其他蜜蜂共享蜜源信息，继续对自己之前找到的蜜源进行一次邻域搜索。

（2）如果某个蜜源连续 Limit 次（最大搜索限定次数）迭代依然没有得到更新，则将其舍弃，对应的引领蜂角色转换为侦察蜂，在蜂巢的周围随机搜索蜜源。

跟随蜂可能会有以下行为：

（1）按照引领蜂共享的蜜源信息，选择一个引领蜂进行跟随，并对选择的蜜源进行一次邻域搜索，更新蜜源位置，对新旧蜜源的适应度值进行比较，保留适应度值较优的蜜源，淘汰适应度值较差的蜜源。

（2）如果达到预定的采蜜次数，没有找到更优质的蜜源，则转换成侦察蜂，在蜂巢的周围随机搜索新的蜜源。

2）人工蜂群算法的基本原理及流程

人工蜂群算法是土耳其学者 Karaboga 在 2005 年为优化代数问题提出来的。人工蜂群算法中，一个蜜源对应优化问题的一个可行解，蜜源质量表示解的质量，即适应度。在该算法中，蜂群采蜜行为和优化问题的对应关系如表 4.1 所示。

表 4.1　蜂群采蜜行为和优化问题的对应关系

蜂群采蜜行为	优化问题
蜜源的位置	可行解
蜜源的质量	可行解的质量
最大收益度	最优解

在初始化时，随机生成 N 个(蜜蜂总数)可行解(每个可行解是一个 D 维向量)，并计算其适应度值，根据适应度优劣程度排序，取前 50%作为引领蜂，后 50%则为跟随蜂。随机产生可行解的公式如下：

$$x_i^j = x_{\min}^j + \mathrm{rand}(0,1)(x_{\max}^j - x_{\min}^j) \tag{4.7}$$

式中，$i \in \{1,2,\cdots,N\}$，$j \in \{1,2,\cdots,D\}$，D 为待优化问题参量的个数；$x_{\max}$ 和 $x_{\min}$ 分别为搜索空间的上、下限。

引领蜂和跟随蜂进行邻域搜索，根据式(4.8)产生新的解：

$$x_i^j = x_i^j + \phi_{ij}(x_i^j - x_k^j) \tag{4.8}$$

式中，$j \in \{1,2,\cdots,D\}$，$k \in \{1,2,\cdots,N\}$，且 $k \neq i$，k 和 j 均为随机生成；ϕ_{ij} 为区间 $[-1,1]$ 上的随机数。

在蜜源的选择上，采用贪婪准则：如果新的蜜源质量比记忆中的最优解要好，则用新的蜜源替代原最优解，反之，则保持不变。如果在一个蜜源的停留次数超过 Limit 次仍然没有改善，则丢弃该蜜源，相应的引领蜂转换成侦察蜂，根据式(4.7)产生新的解。

在人工蜂群算法中，一个蜜源被跟随蜂选择的概率公式表示为

$$P_i = \frac{\mathrm{fit}_i}{\sum\limits_{n=1}^{N} \mathrm{fit}_n} \tag{4.9}$$

式中，fit_i 为第 i 个解对应的适应度值，与蜜源 i 的质量成正比；N 为蜜源的数量。

实现人工蜂群算法的基本步骤如下：

(1)初始化蜜蜂种群。初始时刻，所有的蜜蜂按式(4.7)随机搜索蜜源。种群参数包括解的维度 D、蜜蜂总数 N、最大迭代次数 maxCycle 和蜜源停留最大限定搜索次数 Limit。

(2)根据(1)中 N 个蜜蜂对应蜜源的收益度(解的适应度值)降序排列，取收益度值排列在前 50%的 $N/2$ 只蜜蜂为引领蜂，排在后 50%的 $N/2$ 只蜜蜂则为跟随蜂。

（3）引领蜂的操作。每只引领蜂根据式(4.8)对蜜源进行一次邻域搜索，计算相应的适应度值，若新解的适应度值更高，则根据贪婪准则，以新蜜源取代原蜜源。

（4）根据各个解的适应度值 fit_i 和式(4.9)计算选择概率 P_i。

（5）跟随蜂的操作。每只跟随蜂根据 P_i 选择一个蜜源，并在其附近寻找新蜜源，若新蜜源收益度更高，则跟随蜂转换为引领蜂，新蜜源取代原蜜源的位置。

（6）若某只采蜜蜂或跟随蜂的搜寻次数超过 Limit，对应的蜜源位置仍未发生改变，则放弃该蜜源，对应蜜蜂转换为侦察蜂，根据式(4.7)随机产生一个新的蜜源。

（7）记录当前所有蜜蜂找到的最优蜜源，并转到步骤(2)，直至满足结束条件（通常为最大迭代次数的条件），并输出全局最优位置。

从上述分析不难看出，人工蜂群算法具有以下特点：

（1）人工蜂群算法简单，易于实现，当用于计算机处理时，可以提高处理问题的有效性。

（2）算法使用较少的控制参数。在基本的人工蜂群算法中主要有三个控制参量：蜜源的数量(群体规模 N)、最大搜索限定次数(Limit)和最大迭代次数(maxCycle)，算法的空间复杂度较低。

（3）算法的鲁棒性强。可在程序中设置运行次数，通过多次运行程序来体现算法的鲁棒性和稳定性。

（4）在每次迭代中都进行全局搜索和局部搜索，大大提高了找到最优解的概率，并在较大程度上避免了局部最优，且收敛速度较快。

（5）容易与其他智能算法结合使用，可以充分发挥算法各自的优点，提高标准人工蜂群算法的性能。

2. 基于最短路径法的送电路径生成

1）Dijkstra 算法原理

Dijkstra 算法是经典的计算单源最短路径的算法，在网络拓扑和线路权值已知的情况下，调用一次 Dijkstra 算法可以搜索起点到其他所有节点的最短加权路径。该算法由荷兰学者 Dijkstra 于 1959 年提出，用于解决有向图中最短路径问题。其主要特点是将起始点作为中心逐层向外扩展，直到终点为止。

单源最短路径问题，是指对已知图 $G=(V,E)$，图中每条边的权值是一个非负实数，原顶点记为 $S(S \subseteq V)$，寻找 S 到其余顶点间的最短路径，并求取对应长度。此处，路径长度是指对应的最短路径所经过边的权值之和。

Dijkstra 算法的基本原理是：每次扩展一个距离最短的点，同时更新与该点相邻各点的距离。当所有边都具有正的权值时，由于可能存在一个距离更短的没有被扩展的点，所以这个点的距离永远不会再被改变，从而确保了算法的正确性。

在 Dijkstra 算法求最短路径时，必须保证图中的支路权值为非负值，如果存在权值为负的边，则在扩展过程中会产生更短的距离，违背了已更新的点距离不再发生改变的性质，无法找到最短路径。

Dijkstra 算法首先将图中全部顶点分为两组，将已确定最短路径的顶点作为第一组，初始时仅包含起点，第二组顶点的最短路径为待确定状态；然后将第二组顶点以最短路径长度递增的顺序添加到第一组，直到图中所有顶点均添加进第一组中。在此过程中，从 S 到第一组各顶点的最短路径长度都不大于从 S 出发到第二组的任一顶点的最短路径长度。

Dijkstra 算法生成最短路径的具体实现步骤如下：

(1) 将网络划分为起点 S 和其他点 v。

(2) 构造支路权值向量 D，$D(v)$ 表示起点 S 沿某条路经至某个节点 v 的距离（路径经过的边的加权和），其中 $D(S)=0$；path(i) 表示起点到节点 i 的最短路径，依次存放最短路径所经过的节点；T 是支路权值矩阵，其元素表达式如式 (4.10) 所示，初始时 $D(v)=T(S,v)$：

$$T(i,j)=\begin{cases}实际权值, & i 与 j 直接相连 \\ 无穷大, & i 与 j 不直接相连\end{cases} \tag{4.10}$$

(3) 构造集合 N，存放已确定最短路径的节点，初始时 $N=\{S\}$。

(4) 取节点 $w(w$ 不在 N 中)，且满足 $D(w)$ 值最小，加入集合 N 中，并对其他所有不在 N 中的节点 v 的距离进行修正：节点 w 加入 N 之前，记节点 v 的距离为 $D_0(v)$，加入 w 作为中间顶点后 v 的距离为 $D(v)+T(w,v)$，则 $D(v)=\min[D(v),D(w)+T(w,v)]$，如果 $D(w)+T(w,v)<D_0(v)$，则对应的最短路径更新为 path$(v)=[$path$(w),v]$。

(5) 判断节点集合 N 是否已包含网络中的所有节点，如果是，则搜索结束，否则，转步骤 (3)。

执行一次最短路径法的流程图如图 4.2 所示。

2) Dijkstra 算法在电网恢复中的应用及改进

当调用 Dijkstra 算法搜索目标机组的最短送电路径时，支路权值的设置对优化结果有很大影响。支路权值的设置需要考虑充电功率、充电时间、天气情况等因素，有的研究以线路的充电无功功率为权值，还有一些研究考虑天气、设备因素对充电无功功率权值的修正。对送电路径影响最为严重的是空载线路投入时产生的大量充电无功功率，因为发电机吸收无功功率的能力是有限的，所以线路充电无功功率过剩将造成系统无功功率的不平衡，进而导致持续工频过电压、操作过电压和谐波过电压问题。

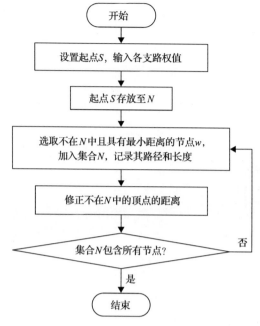

图 4.2　最短路径法流程图

　　因此，为了简化计算，本节也采用高抗或低抗补偿后线路的剩余充电无功功率作为线路的权值。变压器支路的充电功率通常很小，恢复路径搜索时很容易先选择变压器支路，然而，一条恢复路径中变压器个数的增加将会增大发生铁磁谐振的概率，所以将变压器的权值设置为一个较大的数值 ρ，支路权值的计算如式(4.11)和式(4.12)所示。

　　(1)支路权值的改进。

　　在时刻 t，由已并网机组及其恢复路径组成的小系统称为已带电小系统，记为 $\Omega_{E,t}$，系统恢复过程中，随着机组的启动和并网，需要搜索的是已带电小系统 $\Omega_{E,t}$ 至目标机组的最短恢复路径，而 Dijkstra 算法解决的是某一个节点至其他节点的最短路径问题。因此，对支路权值的设置进行如下改进：

　　将处于 $\Omega_{E,t}$ 内的线路和变压的支路权值均设置为 0，从而使得 $\Omega_{E,t}$ 内任意一点到目标机组的最短送电路径，即为已带电小系统 $\Omega_{E,t}$ 至目标机组的最短送电路径，仍然以黑启动电源为起点，可以搜索已带电小系统至其他所有未带电节点的最短送电路径。

　　所以，线路和变压器的支路权值分别表示为

$$W_{L_i,t} = \begin{cases} 0, & \text{线路 } L_i \text{ 在 } \Omega_{E,t} \text{ 内} \\ \max\left\{ \left| Q_{C,L_i} \right| - \left| Q_{L_i} \right|,\ 0 \right\}, & \text{线路 } L_i \text{ 不在 } \Omega_{E,t} \text{ 内} \end{cases} \tag{4.11}$$

式中，$W_{L_i,t}$ 为时刻 t 线路 L_i 的支路权值；Q_{C,L_i} 为线路 L_i 的充电功率大小；Q_{L_i} 为线路 L_i 上的高压电抗器容量。

$$W_{T_j,t} = \begin{cases} 0, & \text{变压器 } T_j \text{ 在} \Omega_{E,t} \text{内} \\ \rho, & \text{变压器 } T_j \text{ 不在} \Omega_{E,t} \text{内} \end{cases} \tag{4.12}$$

式中，$W_{T_j,t}$ 为时刻 t 变压器 T_j 的支路权值；ρ 为一个较大的数值，在实际应用时可取为 $\max\{W_{L_i,t}\}+20$，使未通电的变压器权值大于所有线路的权值，保证变压器被选择的可能性比线路小。

(2) 结束条件的改进。

调用一次 Dijkstra 算法，搜索到起点至所有其他节点的最短路径后再停止。当本节对电网恢复路径进行优化时，采用串行恢复的策略，即一次只恢复一台机组，不需要一次搜索其他全部节点的送电路径。为了节省程序的运行时间，基于最短路径法逐一扩展已确定最短路径的点这个特性，可通过设置目标节点集合 T_g 修改程序终止条件。具体操作如下：

在调用最短路径法之前，先将当前的目标机组节点存入集合 T_g 中，每往节点集合 N 中新增一个已确定最短路径的节点，将集合 T_g 的元素与集合 N 中的元素进行比较，如果两个节点集合满足条件 $T_g \subseteq N$，证明当前目标机组的最短加权路径为已确定状态，可停止搜索，提取相应的送电路径。不需要等到其他所有节点的最短路径全部能搜索到再停止，从而节省计算时间。

在发电机启动顺序已知的情况下，当采用改进的最短路径法生成各机组的送电路径时，流程图如图 4.3 所示。

3. 基于人工蜂群算法与最短路径法的优化求解

1) 人工蜂群算法的改进

(1) 基于交换操作的离散人工蜂群算法。

人工蜂群算法起初是为解决连续的、无约束的函数优化问题而设计的，而机组启动顺序的优化属于有约束的、离散的组合优化问题。因此，要利用人工蜂群算法求解电网恢复路径的优化问题，需要做一定的改进。

首先通过引入交换操作将基本的 ABC 算法进行离散化：假设 n 个机组的启动顺序优化问题的解可以表示为 $S = (a_i)(i = 1, 2, \cdots, n)$，根据文献中交换操作的描述，交换子 $SO(i_1, i_2)$ 表示将 S 中的机组 i_1 和 i_2 进行互换，则 S 经过交换子 $SO(i_1, i_2)$ 的操作可表示为 $S_{new} = S(a_i) + SO(i_1, i_2)$。

例如，有一个 10 个机组的机组启动顺序优化问题，某个解表示为 $S = (3, 6, 2, 9, 4, 1, 8, 5, 7, 10)$，交换子为 $SO(3, 7)$，即将解 S 中的第 3 与第 7 个数的位置互相交换：$S_{\text{new}} = S + \text{SO}(3,7) = (3,6,2,8,4,1,8,5,7,10) + \text{SO}(3,7) = (3,6,8,9,4,1,2,5,7,10)$。

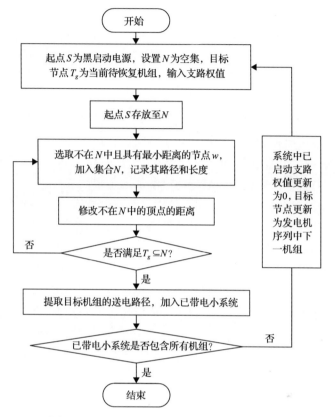

图 4.3 改进的最短路径法生成送电路径流程图

在人工蜂群算法的蜜源更新过程中，可通过使用交换操作，通过贪婪选择的机制帮助蜂群产生质量好的候选食物源，从而改善算法的性能。

每一次迭代过程中，当引领蜂或者跟随蜂进行邻域搜索时，通过交换发电机序列中任意两个发电机的位置，来更新蜜源位置，即产生新的发电机序列，保证待选方案的取值为包含所有电源节点的整数序列。一组整数序列对应系统中各发电机启动的先后顺序。

(2) 禁忌搜索概念及其在人工蜂群算法中的应用。

禁忌搜索是由 Glover 提出的一种全局寻优算法，模仿人类记忆功能，在求解优化问题时，通过禁忌技术标记已经搜索过的局部最优解，并且迭代过程中尽量避免再次搜索相同的解(但不是完全隔绝)，从而获得更广的搜索区间，利于寻找到全局最优解。

禁忌搜索的基本思想是：已知当前解和邻域，然后在当前解和邻域中确定若干候选解；如果最佳候选解对应的适应度优于当前最优解，则忽视其禁忌特性，用其代替当前解和当前最优解状态，并将相应的解加入禁忌表，同时修改禁忌表中各对象的期限；若不存在上述候选解，则在候选解中选择非禁忌的最佳状态为新的当前解，而无视它当前解的优劣，同时将相应的对象加入禁忌表，并修改禁忌表中各对象的期限。如此重复上述迭代搜索过程，直至满足结束的要求。

为了增大找到最优解的概率，尽量避免局部最优解，本节将禁忌搜索和人工蜂群算法相结合使用，具体做法是：如果某个蜜源的适应度值在连续 Limit 次循环后仍然保持不变，没有搜到更优解，则将该解存储至禁忌表，并进行标记，在后续的搜索过程中再搜索到这些被标记的解时，直接跳过。

2) 基于人工蜂群算法优化求解的步骤和流程

采用人工蜂群算法优化机组启动顺序的基本步骤如下：

(1) 输入网络参数，包括电力网络结构参数、电源的出力、节点负荷情况等；设置人工蜂群算法的参数，包括蜜源总数 N、解的维数 D、蜜源停留最大限定搜索次数 Limit、最大迭代次数 maxCycle。

(2) 侦察蜂初始化可行解，用 $[1,D]$ 区间上均匀分布的随机整数序列初始化 N 个蜜源位置(发电机启动顺序序列)，并验证发电机序列是否满足约束条件，如果不满足，则重新生成一组发电机序列，直至找到 N 个可行解，并计算初始种群的适应度值。

(3) 根据初始种群中各蜜蜂所对应的适应度值降序排序，取排列在前 50% 的 $N/2$ 只蜜蜂作为引领蜂，排在后 50% 的 $N/2$ 只蜜蜂为跟随蜂，一只蜜蜂代表一个蜜源，即一个可行解。

(4) 引领蜂操作，即引领蜂的邻域搜索过程，采用 4.3.1 节所述的交换操作，取该引领蜂所代表的发电机序列中任意两个机组进行位置调换，生成新的序列，先判断该解是否在禁忌表中，如果在，则引领蜂转换成侦察蜂，否则，先对新生成的解进行约束条件的校验，如果不满足约束条件，则继续交换操作直至邻域搜索产生的新解满足约束条件。如果满足约束条件，则计算新解的适应度值，并与当前解的适应度值进行比较，若新解更优，则替代当前值，否则，保持不变。

(5) 跟随蜂的跟随过程，首先根据式 (4.9) 计算跟随概率 P_i (适应度函数见式 (4.10))，采用轮盘赌的思想，选择跟随概率更高的蜜源进行跟随，仍采用交换操作在该蜜源附近进行邻域搜索生成新的可行解，计算新解的适应度值，如果比当前解更优，则用新解替代当前值，否则，保持不变。(注：某个解的适应度值越大，对应的蜜源被跟随蜂选中的概率就越大，利用轮盘赌策略，不仅可以提高优质解被选中的可能性，而且加快了对于优质蜜源的寻优速度。)

(6) 最大搜索次数限值的判断，如果引领蜂或者跟随蜂经过 Limit 次的搜索，仍未找到适应度值更大的解，则放弃当前解，相应蜜蜂的角色转换为侦察蜂，随机生成一个新的解(方法同步骤(1))。

(7)记录当前的最优解,并判断是否满足循环结束的条件,若满足,则结束搜索,输出最优解,否则,转步骤(3)。

基于人工蜂群算法优化机组启动顺序的流程图如图 4.4 所示。

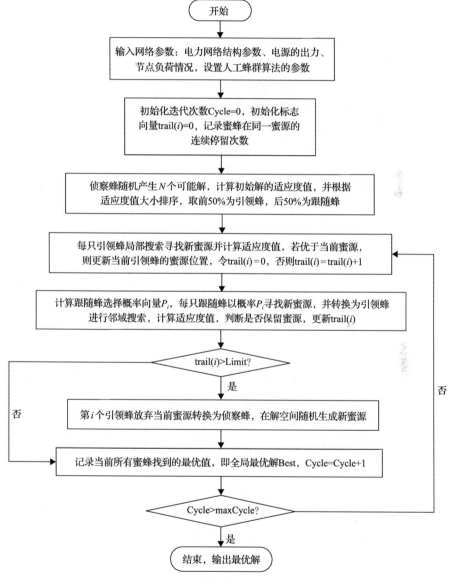

图 4.4　基于人工蜂群算法优化机组启动顺序的流程图

采用传统的处理方式,当将直流输电系统的恢复放在主干网架完成之后进行时，同样可基于人工蜂群算法进行优化：当初始化可行解时，将直流换流站节点安放至发电机序列的最后一位，并令解的维度 D 减 1；当引领蜂或跟随蜂进行邻域搜索时，保持直流换流站节点最后一位的位置不变，交换其他节点的位置。其余操作与本节所述算法相同。

3) 发电机序列约束条件校验

当采用人工蜂群算法优化机组启动顺序时，侦察蜂初始化可行解、引领蜂或跟随蜂进行邻域搜索生成新的解后，都要先校验对应的发电机序列是否满足约束条件。假设某个解对应的发电机序列为 $S = \{G_1, G_2, \cdots, G_D\}$，则校验该发电机序列是否满足约束条件的具体步骤如下：

(1) 初始化，当前时刻 $t=0$，记已恢复机组个数 $i=0$，已启动系统记为 R，根据式(4.11)和式(4.12)计算系统中各支路的权值。

(2) 令 $i = i + 1$，调用 Dijkstra 算法搜索黑启动电源至机组 G_i 的最短送电路径，计算路径恢复时间 Δt_i，Δt_i 时间段内已启动系统中的发电机按爬坡曲线增加出力，当 G_i 是直流换流站时，转步骤(3)；否则，转步骤(5)。

(3) 先对已恢复系统的负荷进行调节，使已恢复系统的潮流满足约束条件，再对已恢复交流系统的短路容量和有效惯性时间常数要求进行校验，如果满足约束条件，则将直流换流站节点 G_i 加入已启动系统 R，转步骤(4)；否则，该发电机序列不满足约束条件，校验结束。

(4) 若 $i < D$，则按 4.2.2 节所述算法，按式(4.5)和式(4.6)更新系统中的支路权值，转步骤(2)；若 $i \geq D$，则该序列满足约束条件，是一个可行解，校验结束。

(5) 在校验机组特性的约束条件时，用 $t + \Delta t_i$ 校验机组是否满足 G_i 的最大热启动时间限制，否则 G_i 等待至其最小冷启动时间方可启动，Δt_i 时间段内系统增加的出力校验是否满足 G_i 启动功率的约束条件：如果满足，则转步骤(6)；否则，该发电机序列不满足约束条件，校验结束。

(6) 进一步校验 4.3.2 节所述的潮流平衡约束条件，如果发生潮流越限的情况，则对负荷的投入量进行调整，经过调整使得系统满足潮流约束后，将机组 G_i 加入已启动系统 R，转步骤(4)；如果负荷量超出可调范围，则认为该发电机序列不满足约束条件，校验结束。

发电机序列约束条件校验流程图如图 4.5 所示。

4. 人工蜂群算法应用于机组启动顺序优化的参数分析

人工蜂群算法中涉及的参数主要包括种群规模、解的维数、适应度值、选择概率、最大搜索限制次数和最大迭代次数。算法的参数并非随意设置，参数取值对算法各方面有着重要的影响，下面对以上人工蜂群算法的各项参数设置进行分析。

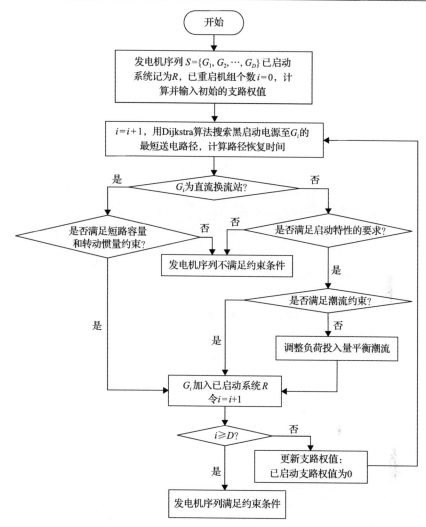

图 4.5　发电机序列约束条件校验流程图

1) 适应度函数的确定

在人工蜂群算法中，适应度值直接反映蜜源的优劣。一个合理的适应度函数利于有效地选择优质蜜源，同时不至于使较差的蜜源快速被淘汰，有利于蜜源多样性的保持，避免算法过早陷入局部最优。

基于快速恢复系统供电的目的，根据 4.3.1 节的描述，蜜源的适应度值取为当所有机组都并网发电时，系统所提供的总发电量与系统恢复所消耗的时间的比值，表达式如下：

$$f_i = \frac{\sum\limits_{j=S_{i,1}}^{S_{i,N}} \int_0^{T_i} P_{G,S_{i,j}}(t)\,\mathrm{d}t}{T_i} \tag{4.13}$$

式中，$S_{i,j}$ 为蜜源 i 对应的发电机序列的第 j 位；$P_{G,S_{i,j}}(t)$ 为发电机序列 S_i 中第 j 台发电机在时刻 t 的出力；T_i 为发电机序列 S_i 中机组全部并网所消耗的时间。

2) 解的维数 D

D 对应的是算法的整体复杂度，维数越高，算法复杂度越大。在机组启动顺序的优化问题中，D 取值为系统中待恢复的发电机个数。用区间 $[1,D]$ 上的一组随机整数序列表示一个蜜源，一个整数对应一个发电机编号。

3) 种群规模 N、最大搜索限定次数 Limit、最大迭代次数 maxCycle

种群规模 N 会对人工蜂群算法的求解产生影响，根据不同的问题具体设置。增大 N 的取值，蜜源的选择范围更广，存在更好的蜜源的概率更高，但同时增加了求解的计算量。

最大搜索限定次数 Limit 的取值决定了整体进化与单维进化的比例，如果 Limit 过大，则算法倾向于单维进化，有可能导致函数的某一维进化过深，使算法陷入局部最优；如果 Limit 过小，则整体进化部分的比例加大，同样可能导致算法陷入局部最优。

最大迭代次数 maxCycle 也会对人工蜂群算法的求解效率产生影响，maxCycle 的值越大，算法找到最优解的可能性越大，但可能导致算法早已收敛到最优解，之后进行的运算没有什么效果，反而增加了算法的运算时间。maxCycle 的值过小，可能导致算法无法得到最优解。

种群规模 N、最大搜索限定次数 Limit 和最大迭代次数 maxCycle 的选择对算法的收敛性和有效性有很大影响，进行实际应用时，需通过多次测试来选定相应数值。

4.3.5　算例分析

1. 算例场景

本节选用 IEEE-10 机 39 节点系统作为机组启动顺序与恢复路径非线性耦合模型的仿真场景，其拓扑结构如图 4.6 所示。该系统包含 10 台机组、46 条线路、12 台变压器和 19 个负荷节点。各机组具体属性见表 4.2。其中，变压器支路为：30-2、31-6、32-10、33-19、34-20、35-22、36-23、37-25、38-29、11-12、12-13 和 19-20。人工蜂群算法中种群数量为 50，最大迭代次数为 50，蜜源最大开采次数为 3 次。

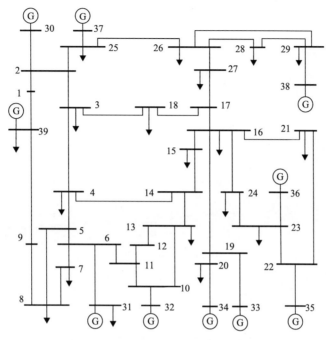

图 4.6　IEEE-10 机 39 节点系统拓扑结构

表 4.2　IEEE-10 机 39 节点系统机组参数

发电机节点编号	发电机容量 /MW	爬坡率 /(MW/min)	启动功率 /MW	最大热启动时间 /min	最小冷启动时间 /min	启动时间 /min
30	450	2.5	0	—	—	0
31	572.9	4.3	50	40	100	35
32	650	4.4	30	—	—	40
33	632	4.6	35	—	—	32
34	508	4.1	20	—	—	30
35	650	4.8	30	—	—	36
36	560	4.4	26	—	—	28
37	540	4.1	25	50	120	29
38	830	5.7	37	—	—	45
39	1000	6.9	44	—	—	55

本节假设：机组编号与所在节点编号保持一致；机组的启动时间与相连母线的恢复时间相同；选取机组 30 为黑启动机组和平衡节点，其余机组为非黑启动机组；每段输电线路的恢复时间统一设定为 4min。在仿真过程中，由于该模型包含潮流约束，机组 30 作为平衡节点，其出力值受平衡节点性质约束，并不严格按出

力曲线进行出力。

2. 算例结果

人工蜂群算法迭代过程中系统恢复过程总发电量变化如图 4.7 所示。为了方便描述和对比，本节将机组启动顺序与恢复路径非线性耦合模型简称为非线性优化模型，由该模型求解的优化方案简称为非线性优化方案。

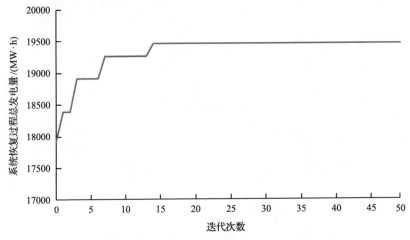

图 4.7 人工蜂群算法迭代过程中系统恢复过程总发电量变化

人工蜂群算法的初始解为 17923.421MW·h(默认迭代次数为 0)，经过 15 次迭代后，达到最优解 19456.58767MW·h，求解时长为 29421s。其中，非线性优化方案机组恢复顺序如表 4.3 所示，非线性优化方案机组恢复路径示意图见图 4.8。

表 4.3 非线性优化方案机组恢复顺序

发电机节点编号	启动时间/min	恢复路径	爬坡时间/min
37	12	30-2-25-37	41~172
32	36	2-3-4-14-12-10-32	76~223
39	44	2-1-39	99~243
38	56	25-26-29-38	101~246
35	76	14-15-16-21-22-35	112~247
33	84	16-19-33	116~253
34	92	19-20-34	122~245
31	104	10-11-6-31	139~272
36	112	22-23-36	140~267

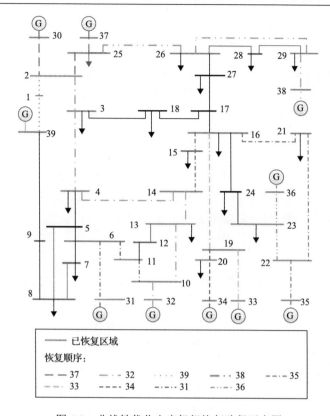

图 4.8 非线性优化方案机组恢复路径示意图

图 4.9 为非线性优化模型在输电线路恢复时间均为 4min 的 IEEE-10 机 39 节点场景下系统可用有功功率曲线图。根据曲线增长趋势可以将恢复过程分为以下三个阶段。

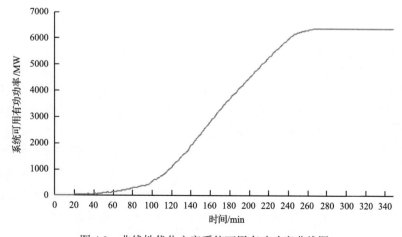

图 4.9 非线性优化方案系统可用有功功率曲线图

1) 系统恢复初期(0~100min)

在最优先恢复机组进入爬坡阶段前,系统可用有功功率较低且增长速度缓慢,机组启动功率约束在此阶段作用最为明显。机组 37 由于距离黑启动机组 30 较近且启动功率较低被选为最优先恢复机组,以加快系统恢复初期可用有功功率增长速度;当机组 37 处于启动阶段时,系统可用有功功率全部由机组 30 提供,为了充分利用机组 30 的爬坡时间,距离机组 30 较远的机组 32 被选为第二台恢复机组且恢复路径中包含的节点 14 可以有效减小后续机组恢复路径长度,提高系统恢复效率;在机组 37 进入爬坡阶段(76~223min)后,系统可用有功功率增长速度加快,机组启动功率约束逐渐失去作用,由机组属性及系统拓扑结构决定未恢复机组恢复顺序,机组 39、38 由于爬坡率、额定有功功率高被选为第三、四台恢复机组;机组 35、33、34 按照恢复顺序依次启动。

2) 系统恢复中期(100~240min)

在系统恢复中期,机组 39、38、35、33、34、31、36 相继进入爬坡阶段,系统中可用有功功率持续上升,为了维持系统电压和频率稳定可以根据文献[41]和[43]提供的恢复方法进行负荷恢复。优化机组启动顺序可以有效增加系统恢复中期系统可用有功功率及系统恢复过程中的总发电量,是影响负荷恢复数量的重要手段。

3) 系统恢复后期(240~340min)

各非黑启动机组陆续完成爬坡进入额定出力阶段,系统中可用有功功率充足但增长逐渐停止,系统恢复过程基本完成,优化机组启动顺序对系统恢复后期的系统可用有功功率及总发电量影响较小。

综上所述,非线性模型可以获得良好的机组串行启动顺序优化方案,但多次仿真结果表明,该模型求解效率较低且优化方案不唯一,不能保证解的收敛性和优化方案的最优性。

4.4　机组启动顺序优化与恢复路径迭代优化模型

将机组启动顺序优化问题通过混合整数规划方法求解可以有效解决智能算法求解效率低、不能保证解的收敛性和全局最优性等问题。本节将介绍现有的基于混合整数规划的机组启动顺序优化与恢复路径迭代优化模型:首先,利用基于连续时间变量的机组启动顺序优化模型求解未启动机组最优恢复顺序;然后,利用恢复路径决策模型为目标机组优化恢复路径。其中,基于连续时间变量的机组启动顺序优化模型将作为本章后续研究的基础。由于现有的恢复路径决策模型只能生成并行恢复方案,现将该模型进行优化,以验证本节所述串行恢复方法的有效性。

4.4.1　优化目标

为了建立基于混合整数线性规划的机组启动顺序优化模型，需要对前面所述的目标函数进行变换：

$$E_{g,\text{gen}} = \int_0^T P_g(t)\,\mathrm{d}t = \frac{1}{2}P_g T_g^{\text{R}} + P_g[T - t_g^{\text{start}} - T_g^{\text{C}} - T_g^{\text{R}}], \quad g \in \Omega^{\text{G}} \tag{4.14}$$

$$E_{g,\text{crank}} = \int_0^T C_g\,\mathrm{d}t = C_g T_g^{\text{C}}, \quad g \in \Omega^{\text{G}} \tag{4.15}$$

式中，$P_g(t)$ 为机组 g 在恢复过程中时刻 t 的输出功率。

$$
\begin{aligned}
E_{\text{sys}} &= \sum_{g \in \Omega^{\text{G}}} (E_{g,\text{gen}} - E_{g,\text{crank}}) \\
&= \sum_{g \in \Omega^{\text{G}}} \left[\frac{1}{2} P_g T_g^{\text{R}} + P_g(T - t_g^{\text{start}} - T_g^{\text{C}} - T_g^{\text{R}}) - C_g T_g^{\text{C}} \right] \\
&= \sum_{g \in \Omega^{\text{G}}} \left[\frac{1}{2} P_g T_g^{\text{R}} + P_g(T - T_g^{\text{C}} - T_g^{\text{R}}) - C_g T_g^{\text{C}} \right] - \sum_{g \in \Omega^{\text{G}}} P_g t_g^{\text{start}}
\end{aligned}
\tag{4.16}
$$

其中，$\dfrac{1}{2}P_g T_g^{\text{R}} + P_g(T - T_g^{\text{C}} - T_g^{\text{R}}) - C_g T_g^{\text{C}}$ 中不含变量，因此，有

$$\max E^{\text{sys}} \Leftrightarrow \min \sum_{g \in \Omega^{\text{G}}} P_g t_g^{\text{start}} \tag{4.17}$$

4.4.2　约束条件

为了建立基于混合整数规划的机组启动顺序优化模型，需要将出力曲线线性化。在现有研究中，通常将机组的出力曲线简化并建模为时间 t 的分段函数[21,44]，其表达式如下：

$$
P(t) = \begin{cases}
0, & 0 \leqslant t < t_g^{\text{start}} \\
-C_g, & t_g^{\text{start}} \leqslant t < t_g^{\text{start}} + T_g^{\text{C}} \\
R_g(t - t_g^{\text{start}} - T_g^{\text{C}}), & t_g^{\text{start}} + T_g^{\text{C}} \leqslant t < t_g^{\text{start}} + T_g^{\text{C}} + T_g^{\text{R}} \\
P_g, & t_g^{\text{start}} + T_g^{\text{C}} + T_g^{\text{R}} \leqslant t < T
\end{cases}
\tag{4.18}
$$

式中，t_g^{start} 为机组 g 的恢复时间；T_g^{C} 为机组 g 的启动阶段所需时间；C_g 为机组 g 的启动功率；T_g^{R} 为机组 g 的爬坡阶段所需时间；R_g 为机组 g 的爬坡率；T 为系

统恢复时间。

为了构建有功功率约束，需要将式(3.5)中的分段函数写成等式形式，即

$$P(t) = 0 + (-C_g)z_g^{(2)} + R_g(t - t_g^{\text{start}} - T_g^{\text{C}})z_g^{(3)} + P_g z_g^{(4)} \tag{4.19}$$

$$0 \leqslant t < t_g^{\text{start}} + \left[1 - z_g^{(1)}\right]M_1 \tag{4.20}$$

$$t_g^{\text{start}} - \left[1 - z_g^{(2)}\right]M_2 \leqslant t < t_g^{\text{start}} + T_g^{\text{C}} + \left[1 - z_g^{(2)}\right]M_3 \tag{4.21}$$

$$t_g^{\text{start}} + T_g^{\text{C}} - \left[1 - z_g^{(3)}\right]M_4 \leqslant t < t_g^{\text{start}} + T_g^{\text{C}} + T_g^{\text{R}} + \left[1 - z_g^{(3)}\right]M_5 \tag{4.22}$$

$$t_g^{\text{start}} + T_g^{\text{C}} + T_g^{\text{R}} - \left[1 - z_g^{(4)}\right]M_6 \leqslant t + \varepsilon < T \tag{4.23}$$

式中，$z_g^{(1)}$、$z_g^{(2)}$、$z_g^{(3)}$、$z_g^{(4)}$是 4 个 0-1 变量，依次对应机组 g 的出力曲线中的 4 个阶段。当机组 g 处于等待阶段时，即 $0 \leqslant t < t_g^{\text{start}}$，$z_g^{(1)}=1$；当机组 g 处于启动阶段时，即 $t_g^{\text{start}} \leqslant t < t_g^{\text{start}} + T_g^{\text{C}}$，$z_g^{(2)}=1$；当机组 g 处于爬坡阶段时，即 $t_g^{\text{start}} + T_g^{\text{C}} \leqslant t < t_g^{\text{start}} + T_g^{\text{C}} + T_g^{\text{R}}$，$z_g^{(3)}=1$；当机组 g 处于额定出力阶段时，即 $t_g^{\text{start}} + T_g^{\text{C}} + T_g^{\text{R}} \leqslant t < T$，$z_g^{(4)}=1$。因此，机组出力曲线模型由分段函数转换为式(4.18)。由于机组 g 在恢复过程中的任一时刻，只能处于 4 个阶段中的 1 个阶段，所以需要对表示机组状态的 $z_g^{(1)}$、$z_g^{(2)}$、$z_g^{(3)}$、$z_g^{(4)}$进行限制：

$$z_g^{(1)} + z_g^{(2)} + z_g^{(3)} + z_g^{(4)} = 1 \tag{4.24}$$

在本书中，$M_x(x=1,2,\cdots)$是大 M 算法中一组足够大的数，当 0-1 变量取某些值时，它们的大小可以使相应的约束失效。$M_x(x=1,2,\cdots)$的值可以使用文献[37]中的方法确定。

因此，机组启动功率约束定义为

$$\sum_{g \in \Omega^{\text{G}}} p_g(t) \geqslant 0, \quad t \in [0,T] \tag{4.25}$$

式(4.25)中，机组启动功率约束的数量与时间间隔有关。当时间间隔较大时，约束数量少、计算量较小，但计算精度低，存在推迟机组启动的可能；当时间间隔较小时，约束数量多、计算量迅速增大，形成的组合问题难以解决。

为了解决时间间隔长短对计算精度的影响，本节按文献[37]所述方法将机组启动功率约束针对的对象由每个时刻转换为每个机组启动时刻。

本节将机组恢复过程分为四个阶段：等待阶段、启动阶段、爬坡阶段和额定

出力阶段。此外，本节假设机组在启动后将严格按照出力曲线出力。因此，电力系统中的可用功率之和只会在非黑启动机组恢复时刻降低。其中，非黑启动机组的恢复时刻为

$$t = t_g^{\text{start}}, \quad g \in \Omega^{\text{G}} \tag{4.26}$$

因此，只需在机组启动时刻满足有功功率约束就可以保证整个恢复过程的每个时刻都可以满足有功功率约束，式(4.26)简化为

$$\sum_{g \in \Omega^{\text{G}}} p_g(t_m^{\text{start}}) \geqslant 0, \quad m \in \Omega^{\text{G}} \tag{4.27}$$

为了使用简化后的有功功率约束式(3.14)，需要确定机组 m 启动时刻其他所有机组的出力情况，即

$$z_{gm}^{(1)} + z_{gm}^{(2)} + z_{gm}^{(3)} + z_{gm}^{(4)} = 1, \quad g \in \Omega^{\text{G}}, m \in \Omega^{\text{G}} \tag{4.28}$$

$$0 \leqslant t_m^{\text{start}} + \varepsilon < t_g^{\text{start}} + \left[1 - z_{gm}^{(1)}\right] M_1, \quad g \in \Omega^{\text{G}}, m \in \Omega^{\text{G}} \tag{4.29}$$

$$t_g^{\text{start}} - \left[1 - z_{gm}^{(2)}\right] M_2 \leqslant t_m^{\text{start}} + \varepsilon < t_g^{\text{start}} + T_g^{\text{C}} + \left[1 - z_{gm}^{(2)}\right] M_3, \quad g \in \Omega^{\text{G}}, m \in \Omega^{\text{G}} \tag{4.30}$$

$$t_g^{\text{start}} + T_g^{\text{C}} - \left[1 - z_{gm}^{(3)}\right] M_4 \leqslant t_m^{\text{start}} + \varepsilon < t_g^{\text{start}} + T_g^{\text{C}} + T_g^{\text{R}} + \left[1 - z_{gm}^{(3)}\right] M_5, \quad g \in \Omega^{\text{G}}, m \in \Omega^{\text{G}}$$
$$\tag{4.31}$$

$$t_g^{\text{start}} + T_g^{\text{C}} + T_g^{\text{R}} - \left[1 - z_{gm}^{(4)}\right] M_6 \leqslant t_m^{\text{start}} + \varepsilon < T, \quad g \in \Omega^{\text{G}}, m \in \Omega^{\text{G}} \tag{4.32}$$

式中，$z_{gm}^{(x)}$ (x=1,2,3,4)为 4 个 0-1 变量，表示机组 m 启动时机组 g 所处的状态；ε 为一个极小的正数，用于准确区分机组 m 启动时机组 g 所处的状态。

当机组 m 启动时：

(1) 若 $0 \leqslant t_m^{\text{start}} + \varepsilon < t_g^{\text{start}}$，则机组 g 处于等待阶段，即 $z_{gm}^{(1)} = 1$，$z_{gm}^{(x)} = 0$ (x=2,3,4)；

(2) 若 $t_g^{\text{start}} \leqslant t_m^{\text{start}} + \varepsilon < t_g^{\text{start}} + T_g^{\text{C}}$，则机组 g 处于启动阶段，即 $z_{gm}^{(2)} = 1$，$z_{gm}^{(x)} = 0$ (x=1,3,4)；

(3) 若 $t_g^{\text{start}} + T_g^{\text{C}} \leqslant t_m^{\text{start}} + \varepsilon < t_g^{\text{start}} + T_g^{\text{C}} + T_g^{\text{R}}$，则机组 g 处于爬坡阶段，即 $z_{gm}^{(3)} = 1$，$z_{gm}^{(x)} = 0$ (x=1,2,4)；

(4) 若 $t_g^{\text{start}} + T_g^{\text{C}} + T_g^{\text{R}} \leqslant t_m^{\text{start}} + \varepsilon < T$，则机组 g 处于额定出力阶段，即 $z_{gm}^{(4)} = 1$，$z_{gm}^{(x)} = 0$ (x=1,2,3)。

有功功率约束式(4.27)简化为

$$\sum_{g \in \Omega^{G}} \left[-C_g z_{gm}^{(2)} + R_g \left(t_m^{\text{start}} - t_g^{\text{start}} - T_g^{C} \right) z_{gm}^{(3)} + P_g z_{gm}^{(4)} \right] \geqslant 0, \quad m \in \Omega^{G} \tag{4.33}$$

式中，$t_m^{\text{start}} z_{gm}^{(3)}$ 与 $t_g^{\text{start}} z_{gm}^{(4)}$ 为非线性项。为了将该约束线性化，现引入两个 0-1 变量 w_{gm} 和 v_{gm}。令 $w_{gm} = t_g^{\text{start}} z_{gm}^{(3)}$、$v_{gm} = t_m^{\text{start}} z_{gm}^{(3)}$。

$$w_{gm} \leqslant z_{gm}^{(3)} M_7 \tag{4.34}$$

$$t_g^{\text{start}} + \left[z_{gm}^{(3)} - 1 \right] M_8 \leqslant w_{gm} \leqslant t_g^{\text{start}} + \left[1 - z_{gm}^{(3)} \right] M_9 \tag{4.35}$$

$$v_{gm} \leqslant z_{gm}^{(3)} M_{10} \tag{4.36}$$

$$t_m^{\text{start}} + \left[z_{gm}^{(3)} - 1 \right] M_{11} \leqslant v_{gm} \leqslant t_m^{\text{start}} + \left[1 - z_{gm}^{(3)} \right] M_{12} \tag{4.37}$$

当 $z_{gm}^{(3)} = 0$ 时，$w_{gm} = 0$，$v_{gm} = 0$；当 $z_{gm}^{(3)} = 1$ 时，$w_{gm} = t_g^{\text{start}}$，$v_{gm} = t_g^{\text{start}}$。因此，非线性项 $t_m^{\text{start}} z_{gm}^{(3)}$ 和 $t_g^{\text{start}} z_{gm}^{(4)}$ 即可转换为整数变量 w_{gm} 和 v_{gm}。

因此，有功功率约束转换为

$$\sum_{g \in \Omega^{G}} \left\{ -C_g z_{gm}^{(2)} + R_g \left[v_{gm} + \varepsilon - w_{gm} - T_g^{C} z_{gm}^{(3)} \right] + P_g z_{gm}^{(4)} \right\} \geqslant 0, \quad m \in \Omega^{G} \tag{4.38}$$

机组启动顺序优化模型为

$$\begin{cases} \text{s.t. } 式(4.28) \sim 式(4.32), \ 式(4.34) \sim 式(4.38) \\ \min \ 式(4.17) \end{cases} \tag{4.39}$$

4.4.3　恢复路径优化模型

1. 现有恢复路径决策模型

在利用机组启动顺序优化模型求得未启动机组恢复顺序及恢复时间后，为最优先恢复机组优化恢复路径，并进行连通性约束校验。文献[28]提出了一种可以生成机组并行恢复顺序的恢复路径决策模型，其具体决策流程如下：

(1)输入机组属性和系统拓扑数据，包括机组额定功率、爬坡率、启动时间、启动功率、最大热启动时限、最小冷启动时限、系统各节点之间连接关系。

(2)校验机组恢复状态，利用机组启动顺序优化模型求解得到未启动机组恢复顺序，确定当前未启动机组中最优先启动机组。

（3）利用 Dijkstra 算法为最优先启动机组搜索与黑启动机组之间的恢复路径，并校验连通性约束。如果满足连通性约束，则转至（5）；否则，转至（4）。

（4）将最优先启动机组能够满足连通性约束的最短恢复时间设置为所有未恢复机组的最小启动时限，并转至（2）。

（5）恢复最优先启动机组。

（6）判断机组是否全部恢复，如果全部恢复，则转至（7）；否则，转至（2）。

（7）输出恢复方案。

2. 恢复路径决策模型优化

现有的恢复路径决策模型只能生成并行恢复方案，为了验证本节建立的串行恢复模型的有效性，需要对现有模型中恢复路径起点选择部分进行优化。

在恢复路径选择过程中，将恢复路径起点的选择范围由黑启动机组节点扩展为已恢复区域，使机组启动顺序优化与恢复路径迭代优化模型具备生成机组串行启动方案的能力。算法在求解过程中利用机组启动顺序优化模型得到由未启动机组构成的最优启动顺序，利用恢复路径选择及校验模块为待启动机组搜索恢复路径，并进行连通性约束校验。算法在迭代过程中不断更新已恢复区域，增大恢复路径起点的选择范围，依次确定各机组启动时间及相应恢复路径，其具体流程如下：

（1）输入机组属性和系统拓扑数据，包括机组额定功率、爬坡率、启动时间、启动功率、最大热启动时限、最小冷启动时限、系统各节点之间连接关系。

（2）利用 Dijkstra 算法求解黑启动机组与各非黑启动机组之间的最短距离，并以最小启动时限约束的形式加入机组启动顺序优化模型。

（3）校验机组恢复状态，利用机组启动顺序优化模型得到未启动机组恢复顺序，将当前未启动机组中最优先启动机组设置为目标机组。

（4）利用 Dijkstra 算法为目标机组搜索与已恢复区域之间的恢复路径，并校验连通性约束。如果满足连通性约束，则转至（6）；否则，转至（5）。

（5）将目标机组能够满足连通性约束的最短恢复时间设置为所有未恢复机组的最小启动时限，并转至（3）。

（6）对目标恢复机组及已恢复区域进行电压校验，如果满足电压安全性约束，则转至（8）；否则，转至（7）。

（7）将恢复机组中次优先恢复机组设置为目标机组，转至（4）。

（8）根据恢复路径，更新已恢复区域。

（9）判断机组是否全部恢复，如果全部恢复，则转至（11）；否则，转至（10）。

（10）计算各未恢复机组与已恢复区域之间的最短距离，并以最小启动时限约束的形式加入机组启动顺序优化模型，并转至(3)。

(11)输出恢复方案。

4.4.4 算例分析

1. 算例场景

为了方便阅读，本节将重新介绍仿真场景。

本节选用 IEEE-10 机 39 节点系统作为机组启动顺序优化与恢复路径迭代优化模型仿真场景，其拓扑结构如图 4.6 所示。该系统包含 10 台机组、46 条线路、12 台变压器和 19 个负荷节点。各机组具体属性见表 4.2。其中，变压器支路为：30-2、31-6、32-10、33-19、34-20、35-22、36-23、37-25、38-29、11-12、12-13 和 19-20。

本节假设：机组编号与所在节点编号保持一致；机组的启动时间与相连母线的恢复时间相同；选取机组 30 为黑启动机组，其余机组为非黑启动机组；每段输电线路的恢复时间统一设定为 4min。在仿真过程中，全部机组将严格按出力曲线进行出力。

2. 结果分析

各非黑启动机组恢复路径及恢复时间如表 4.4 所示，求解时长为 83s。为了方便描述和对比，本节将机组启动顺序优化与恢复路径迭代优化模型简称为迭代优化模型，由该模型求解得到的优化方案简称为迭代优化方案。

表 4.4 迭代优化方案机组恢复路径及恢复时间

发电机节点编号	启动时间/min	恢复路径	爬坡阶段/min
37	12	30-2-25-37	41~172
31	32	2-3-4-5-6-31	67~200
39	41	2-1-39	96~241
38	53	25-26-29-38	98~243
32	65	6-11-10-32	105~252
33	85	3-18-17-16-19-33	117~254
34	93	19-20-34	123~246
35	105	16-21-22-35	141~276
36	113	22-23-36	141~268

与非线性优化方案相比，机组 37 由于距离黑启动机组较近且启动功率较低，同样被选为最优先恢复机组，如图 4.10 所示，机组 39、38 由于爬坡率较高且机

组容量较大,被选为第三、四台恢复机组。但是,机组 39 恢复时出现了连通性约束满足而机组启动功率不满足的情况,使其启动时间推迟 1min,并最终导致迭代优化方案中最后恢复机组的恢复时间晚了 1min。此外,由表 4.5 和表 4.6 可知,两种优化方案下,机组 37、39、38、34、36 恢复顺序及恢复路径相同,机组 31、32、35 恢复顺序及路径不同,机组 33 恢复顺序相同、恢复路径不同。为了进一步分析非线性优化方案与迭代优化方案在恢复过程中的区别,需要对总发电量差值和系统可用有功功率差值进行分析。

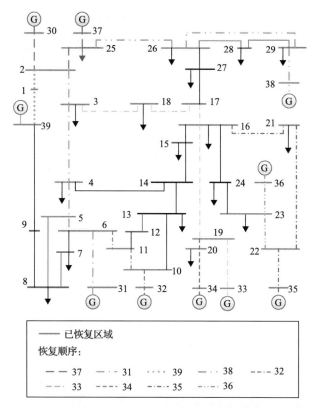

图 4.10　迭代优化方案机组恢复路径示意图

表 4.5　不同优化方案机组恢复时间及顺序

发电机节点编号	非线性优化方案机组恢复时间(min)及顺序	迭代优化方案机组恢复时间(min)及顺序
31	104(8)	32(2)
32	36(2)	65(5)
33	84(6)	85(6)
34	92(7)	93(7)

续表

发电机节点编号	非线性优化方案机组恢复时间(min)及顺序	迭代优化方案机组恢复时间(min)及顺序
35	76(5)	105(8)
36	112(9)	113(9)
37	12(1)	12(1)
38	56(4)	53(4)
39	44(3)	41(3)

表 4.6　不同优化方案机组恢复路径

发电机节点编号	非线性优化方案机组恢复路径	迭代优化方案机组恢复路径
31	10-11-6-31	2-3-4-5-6-31
32	2-3-4-14-12-10-32	6-11-10-32
33	16-19-33	3-18-17-16-19-33
34	19-20-34	19-20-34
35	14-15-16-21-22-35	16-21-22-35
36	22-23-36	22-23-36
37	30-2-25-37	30-2-25-37
38	25-26-29-38	25-26-29-38
39	2-1-39	2-1-39

　　迭代优化方案与非线性优化方案的总发电量差值和系统可用有功功率差值如图 4.11 和图 4.12 所示。由图 4.11 可知，在系统恢复初期(0～95min)，迭代优化

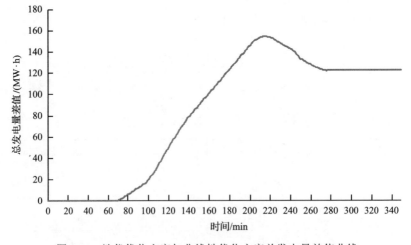

图 4.11　迭代优化方案与非线性优化方案总发电量差值曲线

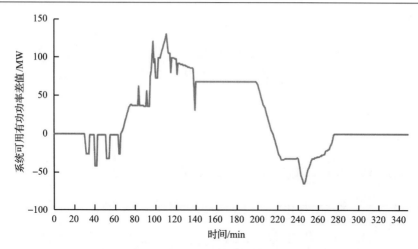

图 4.12 迭代优化方案与非线性优化方案系统可用有功功率差值

方案和非线性优化方案各有三台机组进入爬坡阶段,且只有一台机组不同,系统总发电量差值较小且增长缓慢;在系统恢复中期(95~220min),其他非黑启动机组按恢复方案相继完成启动过程并进入爬坡阶段,机组启动顺序区别对总发电量的影响逐渐显现,系统总发电量差值持续扩大,并在 218min 时达到峰值 154.3MW·h;在系统恢复后期(220~340min),系统总发电量差值逐渐缩小并稳定在 122.31MW·h。

由图 4.12 可知,在 0~70min 内,除去四次因非黑启动机组启动时间差异导致的系统可用有功功率短暂下降外,系统可用有功功率差值很小;在 70~200min,除因启动功率消耗与返还导致的短暂波动外,迭代优化方案与非线性优化方案提供的系统可用有功功率差值平均为 67MW,并在 112min 时达到峰值 129.7MW,占此时非线性优化方案提供的系统可用有功功率的 16.5%,对负荷恢复的影响较为明显;在 220~280min,迭代优化方案与非线性优化方案提供的系统可用有功功率差值逐渐减小至-65.2MW,占此时迭代优化方案提供的系统可用有功功率的 1.1%,对负荷恢复的影响较小。

综上所述,与非线性优化模型相比,迭代优化模型在求解效率上有明显的优势;与非线性优化方案相比,迭代优化方案在系统恢复中期可以提供更多的系统可用有功功率,有利于恢复更多负荷,减少停电损失。但是,该模型存在以下两点不足:

(1)采用分阶段求解、分时步优化的方式,忽略了推迟当前机组启动时间对全部机组启动顺序最优性的影响;

(2)将连通性约束以校验形式加入机组启动顺序优化模型,弱化了连通性约束对机组启动顺序的影响。

因此,该模型不能获得机组串行启动顺序全局最优解。

4.5　同时考虑机组启动顺序优化与恢复路径优化的混合整数优化模型

为了建立同时计及机组属性和连通性约束的机组启动顺序优化模型，文献[41]提出了一种连通性约束线性化建模方法。

4.5.1　现有线性耦合输电线路恢复模型的建模方法及不足

1. 与黑启动机组直接相连的输电线路 i-j 的投运状态约束

对于一条与黑启动机组直接相连的输电线路 i-j，其投运时间不小于黑启动机组恢复时间与机组启动阶段所需时间之和：

$$\sum_{t \in T^G} (1 - u_{L_{ij},t}) V^{TL} \geqslant t_g^{start} + T_g^C, \quad g \in \Omega^{BSG}, L_{ij} \in \Omega_g^L \tag{4.40}$$

式中，T_g^G 为机组 g 启动顺序总时步数；$u_{L_{ij},t}$ 为线路 i-j 在时步 t 投运状态的 0-1 变量(当线路 i-j 在时步 t 投运时，$u_{L_{ij},t}=1$，否则，为 0)；V^{TL} 为 T^L 中每个时步的长度，T^L 为输电线路恢复总时步数；t_g^{start} 为黑启动机组 g 的恢复时间；T_g^C 为机组 g 启动过程所需时间；Ω 为黑启动机组集合。

2. 输电线路投运状态约束

在电力系统停电恢复过程中，一旦输电线路在时步 t 处于投运状态，在之后的恢复过程中，其投运状态不再改变：

$$0 \leqslant u_{L_{ij},t} \leqslant u_{L_{ij},t+1}, \quad L_{ij} \in \Omega_t^L, t, t+1 \in T^L \tag{4.41}$$

式中，Ω_t^L 为在时步 t 时恢复的输电线路的集合。

3. 输电线路及其相邻线路恢复状态约束

输电线路 i-j 只有在至少一条相邻线路恢复后，才能恢复：

$$u_{L_{ij},t+1} \leqslant \sum_{L_{\alpha\beta} \in \Omega_{L_{ij}}} u_{L_{\alpha\beta},t}, \quad L_{ij} \in \Omega_t^L, t, t+1 \in T^L \tag{4.42}$$

式中，Ω_t^L 为在时步 t 时恢复的输电线路的集合；$\Omega_{L_{ij}}$ 为与输电线路 i-j 直接相连线路的集合。

4. 非黑启动机组及其直接相连线路投运状态约束

非黑启动机组恢复时间必须大于或等于至少一条与其直接相连恢复路径投运所需时间：

$$V^{\text{TL}}\left[\sum_{t\in T^{\text{L}}}(1-u_{g,t}^{\text{a}})+1\right]\leqslant V^{\text{T}}t_g^{\text{start}},\quad g\in\Omega^{\text{NBUS}}\tag{4.43}$$

$$u_{L_{ij},t}\leqslant u_{g,t}^{\text{a}},\quad g\in\Omega^{\text{NBUS}}\tag{4.44}$$

$$u_{g,t}^{\text{a}}\leqslant\sum_{L_{ij}\in\Omega_g^{\text{L}}}u_{L_{ij},t},\quad g\in\Omega^{\text{NBUS}}\tag{4.45}$$

式中，$u_{g,t}^{\text{a}}$ 为机组 g 在时步 t 的恢复状态；Ω_g^{L} 为至少有一个端点与非黑启动机组 g 直接相连的线路集合。

5. 启动功率约束

在电力系统停电恢复过程中，系统内可用有功功率必须始终大于等于 0：

$$\sum_{g\in\Omega^{\text{G}}}\left[-v_{g,1,t}R_gV_{\text{T}}+w_{g,1,t}(tV_{\text{T}}-T_g^{\text{C}})R_g+w_{g,2,t}P_g^{\max}\right]-\sum_{g\in\Omega^{\text{NBSG}}}w_{g,3,t}P_g^{\text{start}}-\sum_{i\in\Omega_t^{\text{B}}}P_{i,t}^{\text{D}}\geqslant 0\tag{4.46}$$

式中，Ω^{G} 为所有机组集合；Ω^{NBSG} 为非黑启动机组集合；Ω_t^{B} 为 t 时步已恢复机组集合；$v_{g,1,t}$、$w_{g,1,t}$、$w_{g,2,t}$ 和 $w_{g,3,t}$ 为机组状态的辅助变量，受式(4.47)～式(4.57)约束：

$$0\leqslant w_{g,1,t}+w_{g,2,t}\leqslant 1,\quad g\in\Omega^{\text{G}}\tag{4.47}$$

$$w_{g,1,t}+w_{g,2,t}\geqslant 1-\frac{t_g^{\text{start}}+T_g^{\text{C}}}{t},\quad g\in\Omega^{\text{G}}\tag{4.48}$$

$$v_{g,1,t}+w_{g,1,t}T_g^{\text{C}}\leqslant t,\quad g\in\Omega^{\text{G}}\tag{4.49}$$

$$v_{g,2,t}+w_{g,2,t}\left(T_g^{\text{C}}+\frac{P_g^{\max}}{R_gV_{\text{T}}}\right)\leqslant t,\quad g\in\Omega^{\text{G}}\tag{4.50}$$

$$w_{g,1,t}t\leqslant t_g^{\text{start}}+T_g^{\text{C}}+\frac{P_g^{\max}}{R_gV_{\text{T}}},\quad g\in\Omega^{\text{G}}\tag{4.51}$$

$$v_{g,3,t}\leqslant t,\quad g\in\Omega^{\text{G}}\tag{4.52}$$

$$w_{g,3,t} \geqslant 1 - \frac{t_g^{\text{start}}}{t}, \quad g \in \Omega^{\text{G}} \tag{4.53}$$

$$w_{g,h,t}t_g^{\text{start}} = v_{g,h,t}, \quad g \in \Omega^{\text{G}}, h = 1,2,3 \tag{4.54}$$

$$0 \leqslant v_{g,h,t} \leqslant w_{g,h,t}T_{\text{G}}, \quad g \in \Omega^{\text{G}}, h = 1,2,3 \tag{4.55}$$

$$t_g^{\text{start}} - (1 - w_{g,h,t})T_{\text{G}} \leqslant v_{g,h,t} \leqslant t_g^{\text{start}} + (1 - w_{g,h,t})T_{\text{G}}, \quad g \in \Omega^{\text{G}}, h = 1,2,3 \tag{4.56}$$

$$t_g^{\text{start}} \leqslant T, \quad g \in \Omega^{\text{G}} \tag{4.57}$$

式中，t_g^{start} 为机组 g 的恢复时间；T_g^{C} 为机组 g 的启动阶段所需时间；P_g^{max} 为机组 g 的额定出力；T_{G} 为一个辅助决策变量。

6. 目标函数

以系统恢复过程中发电量最大为目标函数，根据 3.1.1 节中的变换过程，即

$$\max E^{\text{sys}} \Leftrightarrow \min \sum_{g \in \Omega^{\text{G}}} P_g t_g^{\text{start}} \tag{4.58}$$

由式(4.40)～式(4.45)构成的输电线路恢复模型完成了连通性约束的线性表达，并以此为基础构建了一个可以同时计及机组属性和连通性约束的机组并行启动顺序优化模型。然而，该输电线路恢复模型存在以下两点不足：

(1)输电线路恢复所需时间。

由式(4.43)可知，非黑启动机组启动时间必须大于或等于与其直接相连母线恢复时步和时间间隔的乘积。因此，其每段线路恢复时间必须与其时间间隔一致。然而，在实际恢复过程中各线路恢复时间因线路长度、电压等级、有无变压器等因素有所差异。

(2)恢复方案。

由式(4.43)～式(4.45)可知，各非黑启动机组的启动时间必须大于或等于该机组与黑启动机组之间最短恢复路径恢复时间，各恢复路径的起点只能选用黑启动机组。因此，该模型只能生成并行恢复方案。

4.5.2　灵活考虑输电线路恢复时间的输电线路串行恢复优化模型

1. 目标函数

为了方便进行不同优化方案之间的对比，本节也将电力系统停电恢复过程中

机组总发电量最大作为目标函数：

$$\max E^{\text{sys}} \Leftrightarrow \min \sum_{g \in \varOmega^{\text{G}}} P_g t_g^{\text{start}} \tag{4.59}$$

2. 约束条件

1）输电线路恢复时间约束

在电力系统停电恢复过程中，非黑启动机组 m 必须与已恢复区域建立恢复路径后才能获得启动功率。因此，非黑启动机组 m 的恢复时间必须大于或等于恢复路径 i-m 的恢复过程的起始时刻加上恢复路径 i-m 重新充电所需时间：

$$t_m^{\text{start}} \geqslant t_m^{\text{path}} + T_{im} b_{im}, \quad i \in \varOmega^{\text{G}} \bigcup \varOmega^{\text{bus}}, m \in \varOmega^{\text{G}} \tag{4.60}$$

式中，t_m^{start} 为非黑启动机组 m 的恢复时间；t_m^{path} 为机组 m 的恢复路径 i-m 进行充电恢复的初始时刻；T_{im} 为通过 Floyd 算法求解的母线 i 与非黑启动机组 m 之间的最短恢复时间；b_{im} 为输电线路 i-m 是否选作由母线 i 恢复机组 m 的恢复路径的 0-1 变量（当机组 m 由输电线路 i-m 恢复时，b_{im}=1，否则，b_{im}=0）；$\varOmega^{\text{G}}$ 为所有机组节点集合；$\varOmega^{\text{bus}}$ 为所有无机组节点集合。

母线 i 必须在投运后才能作为恢复路径 i-m 的起点，即非黑启动机组 m 的恢复路径 i-m 进行充电恢复的起始时刻必须大于起点母线 i 的投运时刻：

$$t_m^{\text{path}} \geqslant t_i^{\text{start}} - a_{im}^{(1)} M_{11}, \quad i \in \varOmega^{\text{G}} \bigcup \varOmega^{\text{bus}}, m \in \varOmega^{\text{G}} \tag{4.61}$$

$$b_{im} \leqslant a_{im}^{(2)}, \quad i \in \varOmega^{\text{G}} \bigcup \varOmega^{\text{bus}}, m \in \varOmega^{\text{G}} \tag{4.62}$$

$$a_{im}^{(1)} + a_{im}^{(2)} = 1, \quad i \in \varOmega^{\text{G}} \bigcup \varOmega^{\text{bus}}, m \in \varOmega^{\text{G}} \tag{4.63}$$

式中，t_i^{start} 为母线 i 的投运时刻；$a_{im}^{(1)}$ 和 $a_{im}^{(2)}$ 为机组 m 恢复时母线 i 投运状态的 0-1 变量（当机组 m 准备恢复时，若母线 i 未投运，$a_{im}^{(1)} = 1$、$a_{im}^{(2)} = 0$，则式(4.61)失效；若母线 i 已投运，$a_{im}^{(1)} = 0$、$a_{im}^{(2)} = 1$，则式(4.61)生效，即 $t_m^{\text{path}} \geqslant t_i^{\text{start}}$）；$M_{11}$ 为一个足够大的数。在机组 m 准备恢复时，若母线 i 未投运，则 $a_{im}^{(2)} = 0$、$b_{im} = 0$，输电线路 i-m 不会被选作机组 m 的恢复路径；若母线 i 已投运，则 $a_{im}^{(2)} = 1$、$b_{im} \leqslant 1$，输电线路 i-m 存在被选作机组 m 的恢复路径的可能。式(4.63)表示母线 i 只能处于投运状态或未投运状态中的一个。

其中，当准备恢复机组 m 时，母线 i 投运状态变量 $a_{im}^{(1)}$ 和 $a_{im}^{(2)}$ 约束如下：

$$0 \leqslant t_m^{\text{start}} + \varepsilon \leqslant t_i^{\text{start}} + \left[1 - a_{im}^{(1)}\right] M_{12}, \quad m \in \varOmega^{\text{G}}, i \in \varOmega^{\text{G}} \bigcup \varOmega^{\text{bus}} \tag{4.64}$$

$$t_i^{\text{start}} - \left[1 - a_{km}^{(2)}\right]M_{13} \leqslant t_m^{\text{start}} + \varepsilon \leqslant T, \quad m \in \Omega^{\text{G}}, i \in \Omega^{\text{G}} \bigcup \Omega^{\text{bus}} \tag{4.65}$$

若母线 i 未投运，则 $t_m^{\text{start}} + \varepsilon \leqslant t_i^{\text{start}}$，$a_{im}^{(1)} = 1$；若母线 i 已投运，则 $t_i^{\text{start}} \leqslant t_i^{\text{start}} + \varepsilon$，$a_{im}^{(2)} = 1$。

为了提高恢复路径选择的灵活性，所有处于已投运状态的母线 i 都可以作为非黑启动机组 m 恢复路径 $i\text{-}m$ 的起点。但是，非黑启动机组仅需一条恢复路径便可获得足够的启动功率，即所有以机组 m 为终点的恢复路径 $i\text{-}m$ 中仅有一条会被选作恢复路径：

$$\sum_{i \in \Omega_m^{\text{res}}} b_{im} = 1, \quad m \in \Omega^{\text{G}} \tag{4.66}$$

式中，Ω_m^{res} 为可以作为机组 m 的恢复路径起点的集合。

2) 恢复路径中各节点恢复时间约束

在电力系统停电恢复过程中，所有节点根据是否与机组直接相连可以分为两类：与机组直接相连的机组节点和不与机组直接相连的非机组节点。其中，机组节点恢复时间及投运状态由其直接相连机组的恢复时间决定，非机组节点的恢复时间及投运状态由其所在恢复路径决定。

所有非机组节点 k 根据与非黑启动机组 m 之间的关系可以分为三类：

(1) 在非黑启动机组 m 恢复之前已恢复；

(2) 位于非黑启动机组 m 的恢复路径 $i\text{-}m$ 中，与非黑启动机组 m 共同恢复；

(3) 非黑启动机组 m 恢复后进行恢复或不恢复。

其中，在为非黑启动机组 m 寻找恢复路径起点时，只有第一类非机组节点可以作为非黑启动机组 m 恢复路径的起点。因此，为了准确区分各非机组节点 k 与非黑启动机组 m 之间的关系，便于恢复路径起点的选择，将恢复路径 $i\text{-}m$ 恢复的非机组节点 k 恢复时间设定为非黑启动机组 m 的启动时间。由于非机组节点 k 可能位于多条恢复路径之中，所以非机组节点 k 的恢复时间为

$$t_m^{\text{start}} - t_k^{\text{start}} \leqslant d_{mk}M_{14}, \quad m \in \Omega_k^{\text{G}}, k \in \Omega^{\text{bus}} \tag{4.67}$$

$$t_k^{\text{start}} - t_m^{\text{start}} \leqslant d_{mk}M_{14}, \quad m \in \Omega_k^{\text{G}}, k \in \Omega^{\text{bus}} \tag{4.68}$$

式中，t_m^{start} 为非黑启动机组 m 的恢复时间；t_k^{start} 为非机组节点 k 的恢复时间；d_{mk} 为非黑启动机组 m 与非机组节点 k 之间关系的 0-1 变量(若非机组节点 k 位于恢复路径 $i\text{-}m$ 之中，并由恢复路径 $i\text{-}m$ 恢复，则 $d_{mk}=0$，$t_m^{\text{start}} = t_k^{\text{start}}$；否则，$d_{mk}=1$，$t_m^{\text{start}}$ 与 t_k^{start} 无关)。

在系统恢复阶段，由于电力系统多为网状结构，通常不需要恢复所有非机组

节点便可完成非黑启动机组的恢复过程。因此，对于未恢复节点，其恢复时间被设定为一个极大值 M_{15}：

$$M_{15} - t_k^{\text{start}} \leqslant e_k M_{16}, \quad k \in \Omega^{\text{bus}} \tag{4.69}$$

$$t_k^{\text{start}} - M_{15} \leqslant e_k M_{16}, \quad k \in \Omega^{\text{bus}} \tag{4.70}$$

式中，M_{15} 和 M_{16} 都为极大值，但是 M_{15} 小于 M_{16}；e_k 为非机组节点 k 与极大值 M_{15} 之间关系的 0-1 变量（若非机组节点 k 在恢复过程中未完成恢复，则 $e_{mk}=0$，$t_k^{\text{start}} = M_{16}$；否则，$d_{mk}=1$，$t_k^{\text{start}}$ 与 M_{16} 无关）。

非机组节点 k 通常会处于多条恢复路径之中，但其恢复时间只能与其中一条恢复路径相关：

$$\sum_{m=1}^{f_k} d_{mk} + e_k = f_k, \quad m \in \Omega_k^{\text{G}}, k \in \Omega^{\text{bus}} \tag{4.71}$$

式中，f_k 为与非机组节点 k 相关的恢复路径总数减 1。

在确定非机组节点 k 恢复时间的取值范围后，需要进一步确定其准确的恢复时间。根据前面所述，非机组节点 k 的恢复时间应为其未投运状态下处于恢复路径之中时目标机组 m 的恢复时间：

$$t_k^{\text{start}} \geqslant t_m^{\text{start}} + 1 - \sum_{m \in \Omega_k^{\text{G}}} b_{im} - M_{17} a_{km}^{(2)}, \quad i \in \Omega^{\text{G}} \bigcup \Omega^{\text{bus}}, k \in \Omega^{\text{bus}} \tag{4.72}$$

$$t_k^{\text{start}} \leqslant t_m^{\text{start}} + M_{18} \left[1 - \sum_{m \in \Omega_k^{\text{G}}} b_{im} + a_{km}^{(2)} \right], \quad i \in \Omega^{\text{G}} \bigcup \Omega^{\text{bus}}, k \in \Omega^{\text{bus}} \tag{4.73}$$

对于非机组节点 k，其恢复时间必须同时满足以下两个要求：

(1) 若非机组节点 k 必须位于输电线路 i-m 之中，则 $\sum\limits_{m \in \Omega_k^{\text{G}}} b_{im} = 1$；

(2) 若非机组节点 k 必须处于未投运状态，则 $a_{km}^{(2)} = 0$。

此时，非机组节点 k 的恢复时间等于目标机组 m 的恢复时间。

若以上两个条件不能同时满足，则式 (4.72) 与式 (4.73) 失效，t_k^{start} 与 t_m^{start} 无关。

3) 冷热启动时限约束

非黑启动机组的冷热启动时限约束是机组属性中最基本的约束之一。在现有的基于混合整数规划的机组启动顺序优化研究中[37,45]，该约束因为具有"或"关系难以同时实现，常被简化为机组只有最大热启动时限约束或最小冷启动时限约束。为此，本节提出了一种可以同时实现最大热启动时限约束和最小冷启动时限约束的线性化方法：

$$t_g^{\text{start}} - T_g^{\text{max}} - \varepsilon \leqslant e_g^{(1)} M_{19}, \quad g \in \Omega^{\text{G}} \tag{4.74}$$

$$T_g^{\text{min}} - t_g^{\text{start}} - \varepsilon \leqslant e_g^{(2)} M_{19}, \quad g \in \Omega^{\text{G}} \tag{4.75}$$

$$e_g^{(1)} + e_g^{(2)} = 1, \quad g \in \Omega^{\text{G}} \tag{4.76}$$

式中，$e_g^{(1)}$ 和 $e_g^{(2)}$ 为机组满足最大热启动时限或最小冷启动时限的 0-1 变量（当机组 g 的恢复时间小于或等于最大热启动时限时，$e_g^{(1)}=0$、$e_g^{(2)}=1$；当机组 g 的恢复时间大于或等于最小冷启动时限时，$e_g^{(1)}=1$、$e_g^{(2)}=0$）。

4) 串行恢复约束

在系统恢复初期，已恢复系统中可用功率较低，现有研究提出的多条输电线路同时恢复的并行恢复措施会产生大量容性无功功率，造成已恢复系统电压显著偏高。为此，本节提出输电线路的串行恢复约束。

在系统恢复过程中，各非黑启动机组必须与已恢复区域建立恢复路径后才能获得启动功率。因此，只需错开各非黑启动机组建立连通路径的恢复时间，便可获得串行恢复约束：

$$t_g^{\text{start}} - t_m^{\text{path}} - \varepsilon \leqslant e_{gm}^{(1)} M_{20}, \quad m \in \Omega^{\text{G}}, g \in \Omega^{\text{G}} \tag{4.77}$$

$$t_m^{\text{start}} - t_g^{\text{path}} - \varepsilon \leqslant e_{gm}^{(2)} M_{20}, \quad m \in \Omega^{\text{G}}, g \in \Omega^{\text{G}} \tag{4.78}$$

$$e_{gm}^{(1)} + e_{gm}^{(2)} = 1, \quad m \in \Omega^{\text{G}}, g \in \Omega^{\text{G}} \tag{4.79}$$

式中，t_m^{path} 为非黑启动机组 m 恢复路径充电恢复的初始时刻；t_m^{start} 为非黑启动机组 m 的恢复时刻；t_g^{path} 为非黑启动机组 g 恢复路径充电恢复的初始时刻；t_g^{start} 为非黑启动机组 g 的恢复时刻；$e_{gm}^{(1)}$ 和 $e_{gm}^{(2)}$ 为非黑启动机组 g 和 m 恢复时间大小关系的 0-1 变量（当机组 g 的恢复时间小于或等于机组 m 恢复路径充电恢复的初始时刻时，$e_{gm}^{(1)}=0$、$e_{gm}^{(2)}=1$；当机组 g 恢复路径充电恢复的初始时刻大于或等于机组 m 的恢复时间时，$e_{gm}^{(1)}=1$、$e_{gm}^{(2)}=0$）。

5) 暂态频率响应约束

为了维持系统运行安全，限制非黑启动机组启动功率对系统频率的影响，本节引入暂态频率响应约束。

对于已恢复系统，其允许的暂态频率波动范围如下：

$$\frac{C_m}{\sum_{g \in \Omega_r^{\text{G}}} P_g / (\text{df}_g f_N)} \leqslant \Delta f_{\text{lim}}, \quad m \in \Omega^{\text{G}} \tag{4.80}$$

式中，$\Delta f_{\lim}$ 为暂态频率波动的上限，设为 0.5Hz；C_m 为非黑启动机组 m 的启动功率；Ω_r^G 为当前已出力的机组集合；P_g 为已出力机组 g 的额定功率；df_g 为已出力机组 g 的暂态频率响应系数，与机组属性相关，取值参考文献[46]。

为了将暂态频率响应加入机组启动顺序优化模型，需要对其进行化简：

$$C_m z_{mm}^{(2)} \leqslant \Delta f_{\lim} \sum_{g \in \Omega_r^G} \frac{P_g \left[z_{gm}^{(3)} + z_{gm}^{(4)} \right]}{df_g f_N}, \quad m \in \Omega^G \tag{4.81}$$

式中，$z_{mm}^{(2)}$ 为机组 m 是否处于启动阶段的 0-1 变量(当频率波动满足约束时，$z_{mm}^{(2)} \leqslant 1$，否则，$z_{mm}^{(2)} = 0$)；$z_{gm}^{(3)}$ 和 $z_{gm}^{(4)}$ 为机组 m 启动时，机组 g 是否处于爬坡状态或额定出力状态的 0-1 变量(当机组 m 启动时，若机组 g 处于爬坡状态，则 $z_{gm}^{(3)} = 1$；若机组 g 处于额定出力状态，则 $z_{gm}^{(4)} = 1$)。

灵活考虑输电线路恢复时间的机组串行启动顺序优化模型为

$$\begin{cases} \text{s.t. } \text{式(4.28)～式(4.32), 式(4.34)～式(4.38), 式(4.60)～式(4.79), 式(4.81)} \\ \min \text{ 式(4.59)} \end{cases} \tag{4.82}$$

3. 求解流程

当机组启动顺序优化模型以恢复过程中系统发电量最大为目标时，该模型将倾向于选取恢复时间更短的恢复路径，以减少恢复路径所需恢复时间，提高系统恢复效率。因此，可以将恢复时间较长的线路在恢复路径集合中删除，以减少候选恢复路径选项，降低计算量。此外，输电线路恢复模型式(4.56)～式(4.58)、式(4.61)～式(4.63)中 Ω^{bus} 和 Ω^G，需要根据节点与相关恢复路径之间的关系设置。因此，该模型求解过程一共分为以下 5 个步骤。

步骤 1 数据处理。

步骤 1.1 输入系统拓扑及机组属性数据。

步骤 1.2 使用 Floyd 算法求解每对母线之间的最短路径。

步骤 1.3 根据各非黑启动机组与黑启动机组之间的最短恢复时间设置启动时限约束。

步骤 2 筛选关键节点和候选恢复路径。

步骤 2.1 判断黑启动机组相邻节点个数。如果只有一个相邻节点，则将该节点标记为节点 a，并转至步骤 2.2；否则，转至步骤 2.3。

步骤 2.2 如果节点 k(包括非黑启动机组节点和非机组节点)与非黑启动机组节点 j 之间的最短恢复时间 T_{kj} 大于节点 a 与非黑启动机组节点 j 之间的最短恢复时间，则删去恢复路径 k-j，转至步骤 2.4。

步骤 2.3　如果节点 k(包括非黑启动机组节点和非机组节点)与非黑启动机组节点 j 之间的最短恢复时间 T_{kj} 大于黑启动机组节点 i 与非黑启动机组节点 j 之间的最短恢复时间,则删去恢复路径 k-j,转至步骤 2.4。

步骤 2.4　如果非黑启动机组节点 j 只能通过一条路径与其他节点连通,则删去所有以非黑启动机组节点 j 为起点的恢复路径。

步骤 2.5　寻找相邻节点不超过两个非机组节点,此类节点在本书中称为中间节点。

步骤 2.6　删除所有以中间节点为起点的恢复路径。

步骤 2.7　校验是否出现新的中间节点,如果出现新的中间节点,则转至步骤 2.6,否则,转至步骤 2.8。

步骤 2.8　本书将未删除恢复路径称为候选恢复路径,所有恢复路径将从候选恢复路径中选取;将候选恢复路径中未删除的节点称为关键节点,可以作为非黑启动机组恢复路径的起点。

步骤 3　计算候选恢复路径所需时间及途经关键节点。

步骤 3.1　根据步骤 2.8 中所有候选恢复路径所需恢复时间建立矩阵 B。如果关键节点 i 到非黑启动机组节点 m 之间存在候选恢复路径,则将 $B(i,m)$ 设置为恢复路径 i-m 所需恢复时间,否则将 $B(i,m)$ 设置为空,式(4.60)中 $T_{im}=B(i,m)$。

步骤 3.2　建立恢复路径途经节点矩阵 D。如果关键节点 i 位于非黑启动机组 m 的候选恢复路径上,则 $D(i,m)$ 设置为 1,否则,将 $D(i,m)$ 设置为 0。可以通过该矩阵确定式(4.56)～式(4.58)、式(4.61)～式(4.63)中 Ω^{bus} 和 Ω^{G}。

步骤 4　根据式(4.72)建立机组启动顺序优化模型并利用商业软件 CPLEX 求解。

步骤 5　生成恢复计划。

步骤 5.1　根据步骤 4 中生成的机组恢复顺序进行系统恢复。在恢复过程中,可以按照文献[41]提供的负荷恢复方法进行有功调度及负荷恢复,以维持系统潮流和电压满足安全性约束。

步骤 5.2　校验是否满足所有安全性约束。如果违反任何安全性约束,则对恢复方案进行修正。文献[28]提供了一些恢复方案修正方法,例如重新设定非黑启动机组和恢复路径的启动时限约束。然后转至步骤 1 重新求解。如果没有违反任何安全性约束,则输出该恢复方案。

4.5.3　算例分析

1. 算例场景

为了方便阅读,本节将重新介绍仿真场景。

本节选用 IEEE-10 机 39 节点系统作为考虑输电线路恢复时间的机组串行启动顺序优化模型仿真场景，其拓扑结构如图 4.6 所示。该系统包含 10 台机组、46 条线路、12 台变压器和 19 个负荷节点。各机组具体属性见表 4.2。其中变压器支路为：30-2、31-6、32-10、33-19、34-20、35-22、36-23、37-25、38-29、11-12、12-13 和 19-20。

本节假设：机组编号与所在节点编号保持一致；机组的启动时间与相连母线的恢复时间相同；选取机组 30 为黑启动机组，其暂态频率响应系数为 0.1712，其余机组为火电机组，暂态频率响应系数均为 0.107[42]。其余机组为非黑启动机组；每段输电线路的恢复时间统一设定为 4min。在仿真过程中，全部机组将严格按出力曲线进行出力。为了方便描述和对比，本节将考虑输电线路恢复时间的机组串行启动顺序优化模型简称为线性优化模型，由该模型求解的优化方案简称为线性优化方案。

2. 输电线路恢复时间相同时优化结果与分析

每段输电线路的恢复时间均为 4min。

1）优化结果

根据求解流程，该场景共有 13 个关键节点（2、3、4、6、10、14、16、17、19、22、23、25、26）和 57 条候选恢复路径。其中，各非黑启动机组候选恢复路径所需时间矩阵 B 如表 4.7 所示，候选恢复路径途经节点矩阵 D 如表 4.8 所示，非黑启动机组恢复时间及恢复路径如表 4.9 和图 4.13 所示。

表 4.7　各非黑启动机组候选恢复路径所需时间矩阵 B（时间相同）

起点	终点								
	31	32	33	34	35	36	37	38	39
30	24	28	32	36	36	36	12	20	12
2	20	24	28	32	32	32	8	16	8
3	16	20	24	28	28	28	—	—	—
4	12	16	20	24	24	24	—	—	—
6	—	12							
10	12								
14	16	12	16	20	20	20			
16	—	20	8	12	12	12			
17	—	—	24	12	16	16			
19				4	8				
22	—	—	—	—	—	8	—	—	
23					8				
25							4	12	
26			20	24	24	24			

表 4.8　各非黑启动机组候选恢复路径途经节点矩阵 **D**(时间相同)

途经节点	终点								
	31	32	33	34	35	36	37	38	39
2	1	1	1	1	1	1	1	1	1
3	1	1	1	1	1	1	0	0	0
4	1	1	0	0	0	0	0	0	0
6	1	0	0	0	0	0	0	0	0
10	0	1	0	0	0	0	0	0	0
14	0	1	1	1	1	1	0	0	0
16	0	0	1	1	1	1	0	0	0
17	0	0	1	1	1	1	0	0	0
19	0	0	1	1	0	0	0	0	0
22	0	0	0	0	1	0	0	0	0
23	0	0	0	0	0	1	0	0	0
25	0	0	0	0	0	0	1	1	0
26	0	0	0	0	0	0	0	1	0

表 4.9　非黑启动机组恢复时间及恢复路径(时间相同)

发电机节点编号	启动时间/min	恢复路径	爬坡阶段/min
37	12	30-2-25-37	41~172
33	36	2-3-18-17-16-19-33	68~205
39	44	2-1-39	99~244
38	56	25-26-29-38	101~246
34	64	19-20-34	94~217
35	76	16-21-22-35	112~247
36	84	22-23-36	112~239
31	100	3-4-5-6-31	135~268
32	112	6-11-10-32	147~299

为了更加详细地介绍本节提出的线性优化方案与现有优化方案的区别,将从系统可用有功功率、恢复过程总发电量、电压及频率稳定三个方面对优化结果进行分析。

2)系统可用有功功率分析

系统可用有功功率是影响系统恢复过程的重要因素。在系统恢复初期,系统可用有功功率可以用于恢复重要负荷,进而吸收系统中因空载线路充电产生的容性无功功率,维持系统电压稳定;当系统可用有功功率增长速度较快时,负荷恢复效率较高;当系统可用有功功率达到停电系统负荷总量时,系统恢复过程结束。

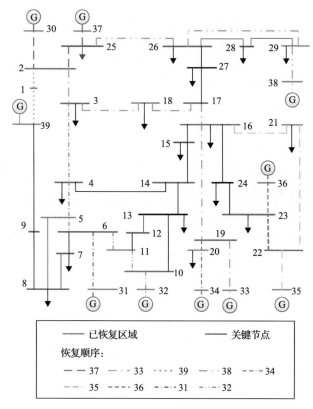

图 4.13　线性优化方案机组串行恢复示意图

图 4.14 为线性优化方案在输电线路恢复时间均为 4min 的 IEEE-10 机 39 节点场景下系统可用有功功率曲线图。根据曲线增长趋势可以将恢复过程分为以下三个阶段：

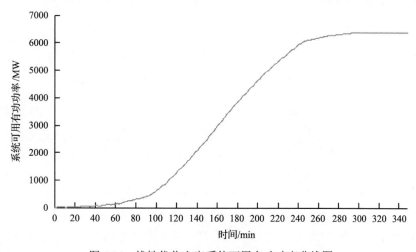

图 4.14　线性优化方案系统可用有功功率曲线图

（1）系统恢复初期（0～100min）。

机组 30、33、37 处于爬坡阶段，机组 39、38、34、35、36 处于启动阶段，机组 31、32 未启动，系统中可用有功功率主要来自机组 30、33 和 37，总量较低且增长速度缓慢。在此阶段，优化非黑启动机组恢复顺序有利于提高系统恢复效率，维持系统电压稳定。

（2）系统恢复中期（100～240min）。

机组 34、39、38、35、36、31、32 相继进入爬坡阶段，系统中可用有功功率充足且增长速度较快。在此阶段，优化负荷恢复顺序对减少系统负荷损失，提高系统恢复效率具有重要意义。

（3）系统恢复后期（240～340min）。

由于各非黑启动机组陆续完成爬坡，进入额定出力阶段，系统中可用有功功率充足但增长逐渐停止，系统恢复过程基本完成。

为了分析连通性约束和启动功率约束在系统恢复初期对系统可用有功功率的影响，需要将系统恢复初期可用有功功率变化曲线进行单独绘制，如图 4.15 所示。

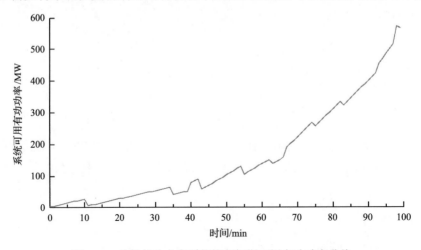

图 4.15　线性优化方案系统恢复初期可用有功功率曲线

首先对图 4.15 中系统恢复初期可用有功功率曲线变化趋势情况进行分析：在非黑启动机组进入启动阶段后，开始从已恢复系统中吸收有功功率，系统可用有功功率曲线下降；在 41min 时，非黑启动机组 37 完成启动阶段，启动功率转换为系统可用有功功率，系统可用有功功率曲线迅速上升；在 41min 后，机组 37 进入爬坡阶段，系统可用有功功率曲线的斜率也随之增大，系统可用有功功率增长速度加快。

不同优化方案的可用有功功率、有功功率差值和恢复初期有功功率曲线分别如图 4.16、图 4.17 和图 4.18 所示。在系统恢复初期（0～100min），受系统拓扑

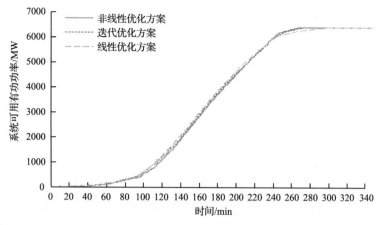

图 4.16　不同优化方案系统可用有功功率

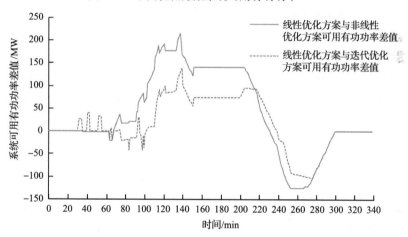

图 4.17　不同优化方案有功功率差值曲线

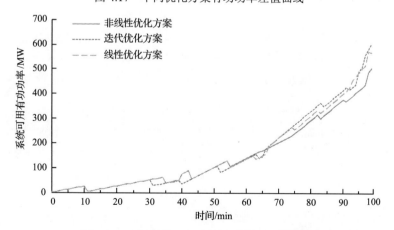

图 4.18　不同优化方案恢复初期有功功率曲线

结构的影响三种方案都选择机组 37 作为最优先恢复机组，且主要由黑启动机组 30 和最优先恢复机组 37 提供系统可用有功功率，所以三种方案可用有功功率差值很小。

在 100~220min，各非黑启动机组按优化方案恢复并进入爬坡阶段，机组启动顺序优化导致的系统可用有功功率差值逐渐显现。由图 4.17 可知，线性优化方案在恢复中期提供的系统可用有功功率与其他两种方案相比具有明显优势。与非线性优化方案相比，系统可用有功功率差值超过 140MW 的时间总计 92min，占系统恢复中期时长的 76.7%；与迭代优化方案相比，系统可用有功功率差值超过 70MW 的时间总计 105min，占系统恢复中期时长的 87.5%。其中，与非线性优化方案可用有功功率的差值在 138min 达到峰值 215.1MW，占此时非线性优化方案系统可用有功功率的 12.4%；与迭代优化方案可用有功功率的差值在 141min 时达到峰值 139.7MW，占此时迭代优化方案系统可用有功功率的 7.3%。在系统恢复中期，可用有功功率的持续优势对加快负荷恢复，提高系统恢复效率具有重要意义。

在 220~340min，本节优化方案的系统可用有功功率优势逐渐变为劣势，并最终达到相等。造成这种现象的原因是系统总功率有限，本节优先启动的恢复效率较高的机组在系统恢复后期较早地进入额定出力阶段，使系统可用有功功率增长放缓。与非线性优化方案相比，系统可用有功功率差值在 232~300min 内为负值，占恢复后期时长的 56.7%；与迭代优化方案相比，系统可用有功功率差值在 241~300min 内为负值，占恢复后期时长的 49.2%。其中，与迭代优化方案可用有功功率的差值在 274min 达到峰值–103.7MW，占此时本节优化方案系统可用有功功率的 1.65%；与非线性优化方案可用有功功率的差值在 254min 时达到峰值–125.6MW，占此时迭代优化方案系统可用有功功率的 2.04%。电力系统中负荷备用、事故备用及检修备用总和应占系统最大负荷的 15%~20%，总功率为 6393MW 的电力系统中最大负荷应在 5559.1MW 以内。

不同优化方案系统可用有功功率见表 4.10。由表 4.10 可知，三种优化方案系统可用有功功率达到 5559.1MW 的时间分别是：非线性优化方案 229min，迭代优化方案 230min 和线性优化方案 229min。因此，在电力系统恢复后期，系统恢复已基本完成，线性优化方案可用有功功率增长放缓，对系统恢复过程影响较小。

表 4.10　不同优化方案系统可用有功功率

方案	时间/min	可用有功功率/MW	方案	时间/min	可用有功功率/MW
非线性优化方案	228	5530.5	非线性优化方案	229	5565.3
迭代优化方案	229	5532.3	迭代优化方案	230	5567.2
线性优化方案	228	5545.5	线性优化方案	229	5576.0

3)恢复过程总发电量分析

系统恢复过程中总发电量是影响负荷损失量的重要因素。系统总发电量差值是系统可用有功功率差值对时间的积分，反映了不同机组启动顺序对系统恢复效率的影响。

不同优化方案总发电量差值和机组恢复时间分别如图 4.19 和表 4.11 所示。在系统恢复初期（0～100min），三种优化方案中非黑启动机组 37、38、39 恢复时间基本相同，使机组 37、38、39 在系统发电量差值曲线中的影响相互抵消。线性优化方案在 36min 时恢复的机组 33 在 68min 时进入爬坡阶段，爬坡率为 4.6MW/min，非线性优化方案在 36min 时恢复的机组 32 在 76min 时进入爬坡阶段，爬坡率为 4.4MW/min，两个非黑启动机组出力时间和爬坡率的差值是造成线性优化方案与非线性优化方案差值曲线上升的主要原因。

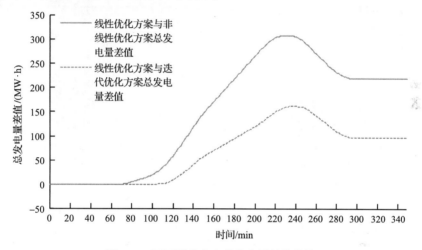

图 4.19　不同优化方案总发电量差值曲线

表 4.11　不同优化方案机组恢复时间　（单位：min）

发电机节点编号	非线性优化方案恢复时间	迭代优化方案恢复时间	线性优化方案恢复时间
31	104	32	100
32	36	65	112
33	84	85	36
34	92	93	64
35	76	105	76
36	112	113	84
37	12	12	12
38	56	53	56
39	44	41	44

在系统恢复中期（100～240min），三种优化方案的总发电量差值持续增大。在 113min 时，线性优化方案中除机组 31 和 32 外，其他机组全部进入爬坡阶段，开始向已恢复系统提供有功功率；迭代优化方案中机组 33、34、35、36 均未进入爬

坡阶段，这是造成线性优化方案与迭代优化方案差值曲线上升的主要原因。

在系统恢复后期(240~340min)，三种优化方案的总发电量差值逐渐减小。此时，系统可用有功功率已经基本满足系统负荷需求，总发电量差值的减小对系统恢复进程影响较小。根据前面所述，总功率为 6393MW 的电力系统中最大负荷应在 5559.1MW 以内，三种优化方案系统可用有功功率在 230min 均已超过 5559.1MW。

由图 4.20 可知，230min 时本节所述线性优化方案与非线性优化方案和迭代优化方案在系统恢复过程中总发电量差值分别为：308.08MW·h 和 159.48MW·h。

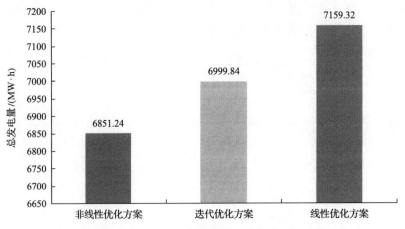

图 4.20　230min 时三种优化方案总发电量示意图

4) 电压及频率稳定分析

在系统恢复初期可用有功功率较少，与并行恢复相比，机组串行恢复有利于缓解因空载线路充电无功功率导致的系统电压水平偏高的问题。

串行恢复方案系统可用有功功率如表 4.12 所示。由表 4.12 可知，在 11min 时系统中可用有功功率已满足机组 37 启动功率需求，但受到连通性约束的限制，机组 37 在 12min 时才进入启动阶段，13min 时系统中可用有功功率减少为 6MW。此时，由节点 30、2、25、37 及线路 30-2、2-25、25-37 构成的已恢复区域内节点电压标幺值如表 4.13 所示。

表 4.12　串行恢复方案系统可用有功功率

时间/min	系统可用有功功率/MW	时间/min	系统可用有功功率/MW
11	25	13	6
12	27.5	14	8.5

表 4.13　串行恢复方案已恢复区域各节点电压标幺值

节点编号	节点电压/(p.u.)	节点编号	节点电压/(p.u.)
30	1.000	25	1.027
2	1.028	37	1.002

由表 4.13 可知，当前已恢复区域中各节点电压均满足电压安全约束。

为了验证系统恢复初期串行恢复方案对已恢复区域内节点电压过高现象的抑制作用，与现有并行恢复策略[19]恢复方案进行对比。在 12min 时，并行恢复方案已恢复区域为节点 30、2、1、3、25、4、18、37、39 及线路 30-2、2-1、2-3、2-25、3-4、3-18、25-37、1-39。此时，已恢复区域内各节点电压标幺值如表 4.14 所示。

表 4.14　并行恢复方案已恢复区域各节点电压标幺值

节点编号	节点电压/(p.u.)	节点编号	节点电压/(p.u.)	节点编号	节点电压/(p.u.)
30	1.000	3	1.078	18	1.079
2	1.068	25	1.065	37	1.034
1	1.119	4	1.080	39	1.130

串行和并行恢复方案已恢复区域节点电压示意图如图 4.21 所示。由图 4.21 可知，现有并行恢复方案在系统恢复初期同时恢复多条空载线路会造成已恢复区域内系统电压水平偏高，部分节点电压越限，影响系统恢复安全。

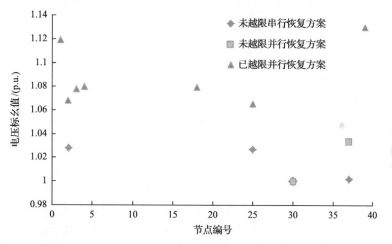

图 4.21　串行和并行恢复方案已恢复区域节点电压示意图

为了限制系统频率波动范围、维持系统安全运行而引入的系统暂态频率响应约束，可以由机组 39、38 的恢复过程验证其有效性。由表 4.15 可知，在 26min 时，系统可用有功功率为 41MW，满足机组 39 启动功率约束(40MW)，且机组 39

表 4.15　机组 39、38 恢复时系统可用有功功率

时间/min	系统可用有功功率/MW	时间/min	系统可用有功功率/MW
25	38.5	27	43.5
26	41	28	46

与当前已恢复区域最短恢复路径所需时间为 8min，满足机组 39 连通性约束。但是，机组 39 由于启动所需功率较大，违反暂态频率响应约束，不能在 26min 时进行恢复，所以选择恢复机组 33。机组 39、38 启动功率对系统内已投运机组总容量的要求在机组 37 投运后得以满足，机组 39、38 相继启动。

在系统恢复初期，通过合理分配系统可用有功功率和采用无功补偿措施可以降低系统电压水平。由表 4.16 可知，在 36min 时，系统中原有可用有功功率为 66MW，满足机组 33 启动功率约束（25MW），机组 33 与已恢复区域之间最短恢复路径 2-3-18-17-16-19-33 所需恢复时间为 24min，满足机组 33 与已恢复区域连通性约束，机组 33 启动，系统可用有功功率减少为 41MW。其中，为了维持电压稳定，在节点 16 处投入有功负荷 40MW、无功负荷 20MW。此时，由节点 30、2、25、37、3、18、17、16、19、33 及相应线路构成的已恢复区域节点电压标幺值如表 4.17 所示。

表 4.16　无功补偿后系统可用有功功率

时间/min	系统可用有功功率/MW	时间/min	系统可用有功功率/MW
35	63.5	37	43.5
36	41	38	46

表 4.17　无功补偿后已恢复区域各节点电压标幺值

节点编号	节点电压/(p.u.)	节点编号	节点电压/(p.u.)	节点编号	节点电压/(p.u.)
30	1.000	3	1.042	19	1.042
2	1.035	18	1.045	33	0.970
25	1.032	17	1.045	—	—
37	1.001	16	1.044	—	—

由表 4.17 可知，当前已恢复系统中各节点电压均满足电压安全约束。此外，可以采用静止无功功率补偿器、静止无功功率发生器等无功功率补偿装置消纳长距离空载线路充电产生的容性无功功率。其他机组恢复过程分析相似，这里不再一一列出。

3. 输电线路恢复时间不同时优化结果与分析

文献[41]建立的机组启动顺序优化线性耦合模型只能应用于输电线路恢复时间相等的停电系统中，不能灵活处理实际恢复过程中输电线路恢复时间略有差异的情况。为了验证灵活处理输电线路恢复时间的必要性和本节提出的机组串行启动顺序优化模型在输电线路恢复时间不同场景下的有效性，将 IEEE-10 机 39 节点系统中变压器支路恢复时间设置为 6min，其他输电线路恢复时间均为 4min。

根据求解流程，该场景共有 13 个关键节点(2、3、4、6、10、14、16、17、19、22、23、25、26)和 57 条候选恢复路径。其中，各非黑启动机组候选恢复路径所需时间矩阵 B 如表 4.18 所示，候选恢复路径途经节点矩阵 D 如表 4.19 所示，非黑启动机组恢复时间及恢复路径如表 4.20 和图 4.22 所示。

表 4.18　各非黑启动机组候选恢复路径所需时间矩阵 B(时间不同)

起点	终点								
	31	32	33	34	35	36	37	38	39
30	28	32	32	38	36	36	16	24	14
2	22	26	26	32	30	30	10	18	8
3	18	22	22	28	26	26	—	—	—
4	14	18	22	28	26	26	—	—	—
6	—	14	—	—	—	—	—	—	—
10	14	—	—	—	—	—	—	—	—
14	18	14	18	24	22	22	—	—	—
16	—	22	10	16	14	14	—	—	—
17	—	—	14	20	18	18	—	—	—
19	—	—	6	12	—	—	—	—	—
22	—	—	—	—	—	10	—	—	—
23	—	—	—	10	—	—	—	—	—
25	—	—	—	—	—	—	6	14	—
26	—	—	22	28	26	26	—	—	—

表 4.19　各非黑启动机组候选恢复路径途经节点矩阵 D(时间不同)

途经节点	终点								
	31	32	33	34	35	36	37	38	39
2	1	1	1	1	1	1	1	1	1
3	1	1	1	1	1	1	0	0	0
4	1	1	0	0	0	0	0	0	0
6	1	0	0	0	0	0	0	0	0
10	0	1	0	0	0	0	0	0	0
14	0	1	1	1	1	1	0	0	0
16	0	0	1	1	1	1	0	0	0
17	0	0	1	1	1	1	0	0	0
19	0	0	1	1	0	0	0	0	0
22	0	0	0	0	1	0	0	0	0
23	0	0	0	0	0	1	0	0	0
25	0	0	0	0	0	0	1	1	0
26	0	0	0	0	0	0	0	1	0

表 4.20　非黑启动机组恢复时间及恢复路径(时间不同)

发电机节点编号	启动时间/min	恢复路径	爬坡阶段/min
37	16	30-2-25-37	45～176
33	42	2-3-18-17-16-19-33	74～178
39	50	2-1-39	105～250
38	64	25-26-29-38	109～254
35	78	16-21-22-35	114～249
36	88	22-23-36	116～243
34	100	19-20-34	130～253
32	122	16-15-14-13-10-32	162～309
31	136	10-11-6-31	171～304

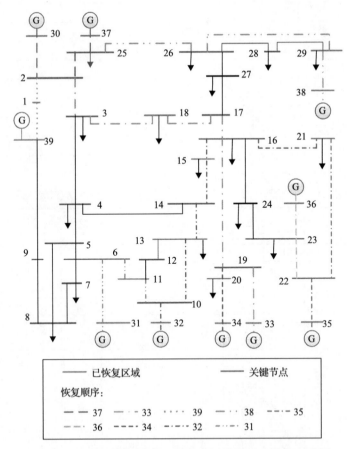

图 4.22　输电线路恢复时间不同场景下机组串行恢复示意图

为了分析输电线路恢复时间不同对恢复方案的影响，验证灵活设置输电线路恢复时间在机组启动顺序优化过程中的必要性，本节将从系统可用有功功率、恢复过程总发电量及机组恢复顺序三个方面对优化结果进行对比分析。

1) 系统可用有功功率分析

在系统恢复过程中，准确计算系统可用有功功率有利于优化负荷恢复数量及恢复顺序。为了验证灵活计及输电线路恢复时间的必要性，对输电线路恢复时间相同与不同两种场景下系统可用有功功率差值进行分析，如图 4.23 所示。

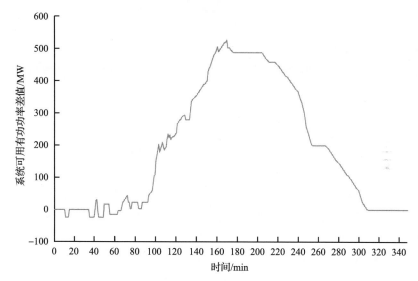

图 4.23　输电线路恢复时间相同与不同场景下系统可用有功功率差值曲线

由图 4.23 可知，在系统恢复初期(0~95min)，系统可用有功功率差值较小且围绕 0MW 上下波动，输电线路恢复时间不同场景中变压器支路恢复时间较长，机组恢复较晚，启动功率消耗及返还时间相应推迟是造成曲线短暂波动的主要原因；在系统恢复中期(95~220min)，系统可用有功功率差值迅速增加，在 170min 时达到峰值 526.3MW，占此时输电线路恢复时间不同场景中系统可用有功功率的 18%，且差值超过 400MW 的时间长达 81min，占恢复中期时长的 64.8%，系统可用有功功率差值会对负荷恢复数量及顺序造成显著影响；在系统恢复后期(220~340min)，输电线路恢复时间相同和不同恢复方案分别在 229min 和 241min 达到本系统最大负荷 5559.1MW，后续系统可用有功功率差值对系统恢复过程影响较小。系统拓扑结构改变对系统恢复中期可用有功功率影响显著。

2) 恢复过程总发电量分析

为了进一步证明灵活适应系统拓扑结构的必要性，对输电线路恢复时间相同和不同场景中系统恢复过程总发电量差值进行分析，如图 4.24 所示。

在系统恢复初期(0~95min)，只有机组 30、37、33 进入爬坡阶段，系统总发电量差值较小且增长缓慢；在系统恢复中期(95~220min)，其他非黑启动机组按

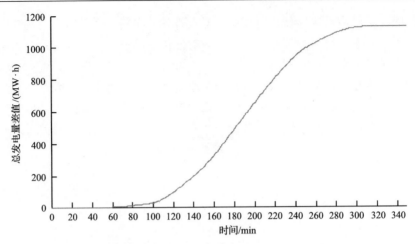

图 4.24　输电线路恢复时间相同与不同场景下总发电量差值曲线

恢复方案相继完成启动过程并进入爬坡阶段，机组启动时间推迟对总发电量的影响逐渐显现，系统总发电量差值持续快速增大；在系统恢复后期(220～340min)，系统总发电量差值增长减缓并稳定在 1125.74MW·h。根据前面所述，总功率为 6393MW 的电力系统中最大负荷应在 5559.1MW 以内，两种场景下系统可用有功功率在 241min 均已超过 5559.1MW，如图 4.25 所示。

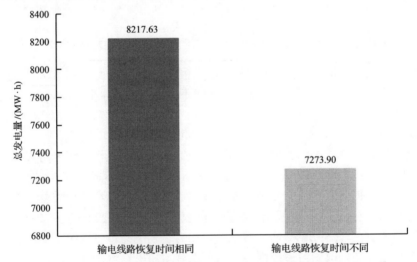

图 4.25　241min 时输电线路恢复时间相同和不同场景总发电量示意图

由图 4.25 可知，241min 时输电线路恢复时间相同与不同场景在系统恢复过程中总发电量差值为 943.73MW·h，占系统恢复时间不同场景下系统总发电量的 13.0%。系统拓扑结构改变对系统恢复过程中总发电量影响较大。

3) 机组恢复顺序分析

机组恢复顺序优化与恢复路径优化相耦合，灵活考虑系统拓扑结构对机组启动顺序优化的影响对提高系统恢复效率、减少负荷损失具有重要意义。其结果见表 4.21 和表 4.22。

表 4.21　不同场景下机组恢复时间及顺序

发电机节点编号	输电线路恢复时间相同场景下机组恢复时间(min)及顺序	输电线路恢复时间不同场景下机组恢复时间(min)及顺序
31	104(8)	136(9)
32	84(6)	122(8)
33	36(2)	42(2)
34	92(7)	100(7)
35	76(5)	78(5)
36	112(9)	88(6)
37	12(1)	16(1)
38	56(4)	64(4)
39	44(3)	50(3)

表 4.22　不同场景下机组恢复路径

发电机节点编号	输电线路恢复时间相同场景下机组恢复路径	输电线路恢复时间不同场景下机组恢复路径
31	3-4-5-6-31	10-11-6-31
32	6-11-10-32	16-15-14-13-10-32
33	2-3-18-17-16-19-33	2-3-18-17-16-19-33
34	19-20-34	19-20-34
35	16-21-22-35	16-21-22-35
36	22-23-36	22-23-36
37	30-2-25-37	30-2-25-37
38	25-26-29-38	25-26-29-38
39	2-1-39	2-1-39

由表 4.21 和表 4.22 可知，机组 37 由于距离非黑启动机组 30 较近且启动功率较低，所以同时被两种方案选为最优先恢复机组；机组 33 由于可以恢复重要节点 16，进而缩短后续机组恢复路径所需时间，所以同时被两种方案选为第二台恢复机组；39、38 由于爬坡率较高且启动功率对已恢复区域机组容量具有一定要求，所以同时被两种方案分别选作第三、四台恢复机组。在四台机组恢复后，已恢复区域完全相同的情况下，后续机组启动顺序发生变化，机组 31、32 的恢复路径也不同。系统拓扑结构改变主要对较晚恢复机组的启动顺序及恢复路径选择影响较大。

综上所述，灵活设置输电线路恢复时间会显著影响系统恢复中期系统可用有功功率、恢复过程总发电量和机组恢复顺序，将会对负荷恢复优化产生显著影响。

4. 输电线路 3-18 故障时优化结果与分析

在电力系统大停电后的恢复过程中，输电线路存在因故障退出恢复过程的可能。本节以输电线路恢复时间相同场景为基础，将在前述 2、3 小节中两个算例中都处于恢复路径中的输电线路 3-18 设置为退出恢复过程的故障线路，分析系统拓扑结构改变对机组启动顺序及恢复路径的影响。根据求解流程，该场景共有 13 个关键节点(2、4、6、10、14、16、19、22、23、25、26)和 56 条候选恢复路径。其中，各非黑启动机组候选恢复路径所需时间矩阵 B 如表 4.23 所示，候选恢复路径途经节点矩阵 D 如表 4.24 所示，输电线路 3-18 故障场景下机组恢复时间及恢复路径如表 4.25 和图 4.26 所示。

表 4.23 输电线路 3-18 故障后各非黑启动机组候选恢复路径所需时间矩阵 B

起点	终点								
	31	32	33	34	35	36	37	38	39
30	24	28	32	36	36	36	12	20	12
2	20	24	28	32	32	32	8	16	8
4	12	16	20	24	24	24	—	—	—
6	—	12	—	—	—	—	—	—	—
10	12	—	24	28	28	28	—	—	—
14	16	12	16	20	20	20	—	—	—
16	—	20	8	12	12	12	—	—	—
19	—	—	4	8	—	—	—	—	—
22	—	—	—	—	—	—	8	—	—
23	—	—	—	—	8	—	—	—	—
25	—	—	24	28	28	28	4	12	—
26	—	—	20	24	24	24	—	8	—

表 4.24 输电线路 3-18 故障后各非黑启动机组候选恢复路径途经节点矩阵 D

途经节点	终点								
	31	32	33	34	35	36	37	38	39
2	1	1	1	1	1	1	1	1	1
4	1	1	1	1	1	1	0	0	0
6	1	0	0	0	0	0	0	0	0
10	0	1	0	0	0	0	0	0	0
14	0	1	1	1	1	1	0	0	0
16	0	0	1	1	1	1	0	0	0
19	0	0	1	1	0	0	0	0	0
22	0	0	0	0	0	1	0	0	0
23	0	0	0	0	0	0	1	0	0
25	0	0	0	0	0	0	1	1	0
26	0	0	1	1	1	1	0	1	0

表 4.25　输电线路 3-18 故障场景下机组恢复时间及恢复路径

发电机节点编号	启动时间/min	恢复路径	爬坡阶段/min
37	12	30-2-25-37	41～172
32	36	2-3-4-14-13-10-32	76～223
39	44	2-1-39	99～244
38	56	25-26-29-38	101～246
33	72	14-15-16-19-33	104～241
34	80	19-20-34	110～233
35	92	16-21-22-35	128～263
36	100	22-23-36	128～255
31	112	10-11-6-31	147～280

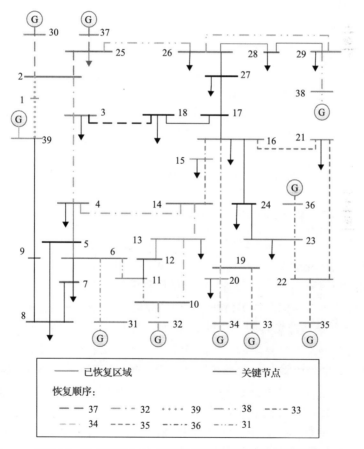

图 4.26　输电线路 3-18 故障场景下机组串行恢复示意图

为了分析系统拓扑结构改变对恢复方案的影响，验证本节提出的机组串行启动顺序优化模型适应系统拓扑结构改变的有效性，本节将从系统可用有功功率、恢复过程总发电量及机组恢复顺序三个方面对优化结果进行对比分析。

1) 系统可用有功功率分析

在系统恢复过程中，系统拓扑结构的改变将会影响机组启动顺序及恢复路径选择。为了验证本节提出的机组串行启动顺序优化模型灵活适应系统结构改变的有效性，对输电线路 3-18 未故障与故障两种场景下系统可用有功功率差值进行分析，如图 4.27 所示。

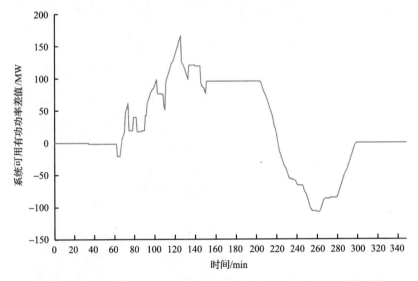

图 4.27　输电线路 3-18 未故障与故障场景系统可用有功功率差值曲线

由图 4.27 可知，在系统恢复初期(0～90min)，系统可用有功功率差值除 73～76min 和 80～83min 外，均维持在 ±20MW，机组启动功率消耗及返还时间差值是造成曲线短暂波动的主要原因；在系统恢复中期(90～220min)，系统可用有功功率差值略有增加，但基本维持在 100MW 以内，127min 时达到峰值 166.8MW，占此时 3-18 线路故障场景中系统可用有功功率的 12.5%，且差值超过 125MW 的时间仅为 12min，占恢复中期时长的 9.23%，系统拓扑结构变化对系统可用有功功率差值造成的影响较小；在系统恢复后期(220～340min)，输电线路 3-18 故障场景下系统可用有功功率超过输电线路 3-18 未故障场景下系统可用有功功率，并且输电线路 3-18 未故障场景和故障场景恢复方案分别在 229min 和 228min 达到本系统最大负荷 5559.1MW，后续系统可用有功功率差值对系统恢复过程影响较小。系统拓扑结构改变对线性优化方案中系统可用有功功率影响较小且主要体现在系统恢复中期。

2) 恢复过程总发电量分析

为了进一步证明灵活适应系统拓扑结构的必要性,对输电线路 3-18 未故障和故障场景中系统恢复过程总发电量差值进行分析,如图 4.28 所示。

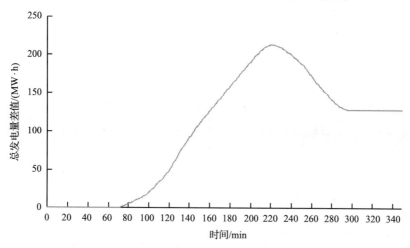

图 4.28　输电线路 3-18 未故障和故障场景中系统恢复过程总发电量差值曲线

在系统恢复初期(0~90min),只有机组 30、37 进入爬坡阶段,0~70min 内系统总发电量差值为 0,70~90min 系统总发电量差值开始缓慢增大;在系统恢复中期(90~220min),系统总发电量差值持续缓慢增大,并在 222min 达到峰值 213.4MW·h;在系统恢复后期(220~340min),系统总发电量差值逐渐下降并稳定在 128.58MW·h。根据前面所述,总功率为 6393MW 的电力系统中最大负荷应在 5559.1MW 以内,两种场景下系统可用有功功率在 229min 均已超过 5559.1MW,如图 4.29 所示。

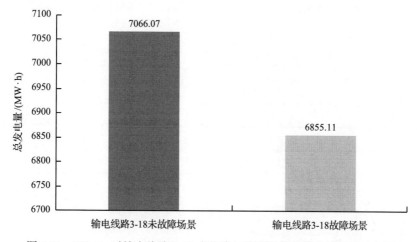

图 4.29　229min 时输电线路 3-18 未故障与故障场景总发电量差值示意图

由图 4.29 可知，229min 时输电线路 3-18 未故障与故障场景在系统恢复过程中总发电量差值为 210.96MW·h，占输电线路 3-18 故障场景下系统总发电量的 3.1%。系统拓扑结构改变对线性优化方案中系统恢复过程总发电量影响较小。

3）机组恢复顺序分析

机组恢复顺序优化与恢复路径优化相耦合，灵活考虑系统拓扑结构对机组启动顺序优化的影响对提高系统恢复效率、减少负荷损失具有重要意义。其结果见表 4.26 和表 4.27。

表 4.26　不同场景下机组恢复时间及顺序

发电机节点编号	输电线路 3-18 未故障场景下机组恢复时间(min)及顺序	输电线路 3-18 故障场景下机组恢复时间(min)及顺序
31	100(8)	112(9)
32	112(9)	36(2)
33	36(2)	72(5)
34	64(5)	80(6)
35	76(6)	92(7)
36	84(7)	100(8)
37	12(1)	12(1)
38	56(4)	56(4)
39	44(3)	44(3)

表 4.27　不同场景下机组恢复路径

发电机节点编号	输电线路 3-18 未故障场景下机组恢复路径	输电线路 3-18 故障场景下机组恢复路径
31	3-4-5-6-31	10-11-6-31
32	6-11-10-32	2-3-4-14-13-10-32
33	2-3-18-17-16-19-33	14-15-16-19-33
34	19-20-34	19-20-34
35	16-21-22-35	16-21-22-35
36	22-23-36	22-23-36
37	30-2-25-37	30-2-25-37
38	25-26-29-38	25-26-29-38
39	2-1-39	2-1-39

由表 4.26 和表 4.27 可知，机组 37、39、38 恢复顺序及恢复路径完全相同，其他机组恢复顺序完全不同。机组 37 由于距离非黑启动机组 30 较近且启动功率较低，所以同时被两种方案选为最优先恢复机组；机组 33、32 由于可以恢复重要节点 16、14，进而缩短后续机组恢复路径所需时间，所以分别被两种方案选为第二台恢复机组；39、38 由于爬坡率较高且启动功率对已恢复区域机组容量具有一定要求，所以同时被两种方案选作第三、四台恢复机组。系统拓扑结构改变对线性优化方案中对机组启动顺序及恢复路径影响较大。

综上所述，本节提出的考虑输电线路恢复时间的机组串行启动顺序优化模型可以灵活适应系统拓扑结构改变，其优化方案对系统恢复中期系统可用有功功率和恢复过程总发电量影响较小，不会对负荷恢复优化产生显著影响。

4.6　本 章 小 结

在电力系统停电恢复过程中，系统拓扑结构是影响机组启动顺序优化的主要因素之一。现有机组启动顺序优化方法主要有：①利用机组启动顺序评价体系对备选方案进行排序，其适应性较差；②建立机组启动顺序与恢复路径非线性耦合模型，利用智能算法求解，但其求解效率较低且不能保证解的收敛性和最优性；③将机组启动顺序优化问题分解为机组启动顺序优化问题和恢复路径优化问题，通过迭代求解，但其弱化了系统拓扑结构对机组启动顺序的影响，忽略了推迟某一机组恢复时间对其他机组恢复时间的影响，难以获得最优恢复顺序；④构建一个可以同时计及系统拓扑结构和机组属性的机组启动顺序优化混合整数规划模型，该方法能够提升求解效率，但其要求各输电线路恢复时间必须设定为同一数值，不能灵活处理实际恢复过程输电线路恢复时间略有差异的情况，且该优化模型只能提供并行恢复方案，不符合恢复初期串行恢复的实际需求。因此，为了充分考虑系统拓扑结构对机组启动顺序的影响，本章提出了一种可以生成串行恢复方案并灵活考虑输电线路恢复时间的输电线路恢复模型建模方法，以 IEEE-10 机 39 节点系统为例验证了本章提出的机组启动顺序优化模型的可行性，并与现有机组启动顺序优化模型进行对比，验证本章提出优化模型的有效性。

参 考 文 献

[1] 顾雪平, 赵书强, 刘艳, 等. 一个实用的电力系统黑启动决策支持系统[J]. 电网技术, 2004, 28(9): 54-57, 74.

[2] 高远望, 顾雪平, 刘艳, 等. 电力系统黑启动方案的自动生成与评估[J]. 电力系统自动化, 2004, 28(13): 50-54, 84.

[3] 林济铿, 蒋越梅, 郑卫洪, 等. 电力系统黑启动初始方案的自动形成[J]. 电力系统自动化, 2008, 32(2): 72-75.

[4] Ma T K, Liu C C, Tsai M S, et al. Operational experience and maintenance of online expert system for customer restoration and fault testing[J]. IEEE Transactions on Power Systems, 1992, 7(2): 835-842.

[5] Adibi M M, Kafka L R J, Milanicz D P. Expert system requirements for power system restoration[J]. IEEE Transactions on Power Systems, 1994, 9(3): 1592-1600.

[6] 刘连志, 顾雪平, 刘艳. 不同黑启动方案下电网重构效率的评估[J]. 电力系统自动化, 2009, 33(5): 24-28.

[7] Smyth B, Keane M T, Cunningham P. Hierarchical case-based reasoning integrating case-based and decompositional problem-solving techniques for plant-control software design[J]. IEEE Transactions on Knowledge and Data Engineering, 2001, 13(5): 793-812.

[8] 王洪涛, 刘玉田, 邱夕照. 基于分层案例推理的黑启动决策支持系统[J]. 电力系统自动化, 2004, 28(11): 49-52.

[9] 周云海, 胡翔勇, 罗斌. 基于案例推理的大停电恢复系统设计[J]. 电力系统自动化, 2007, 31(18): 87-90.

[10] 刘艳, 顾雪平, 张丹. 基于数据包络分析模型的电力系统黑启动方案相对有效性评估[J]. 中国电机工程学报, 2006, 26(5): 32-37, 94.

[11] 刘艳, 顾雪平. 评估黑启动方案的层次化数据包络分析方法[J]. 电力系统自动化, 2006, 30(21): 33-38.

[12] 吴烨, 房鑫炎. 基于模糊 DEA 模型的电网黑启动方案评估优化算法[J]. 电工技术学报, 2008, 23(8): 101-106.

[13] 林济铿, 蒋越梅, 岳顺民, 等. 基于 DEA/AHP 模型的电力系统黑启动有效方案评估[J]. 电力系统自动化, 2007, 31(15): 65-69, 110.

[14] Nagata T, Sasaki H. A multi-agent approach to power system restoration[J]. IEEE Transactions on Power Systems, 2002, 17(2): 457-462.

[15] Liu W J, Lin Z Z, Wen F S, et al. Intuitionistic fuzzy Choquet integral operator-based approach for black-start decision-making[J]. IET Generation Transmission & Distribution, 2012, 6(5): 378-386.

[16] 林振智, 文福拴, 薛禹胜. 黑启动决策中指标值和指标权重的灵敏度分析[J]. 电力系统自动化, 2009, 33(9): 20-25.

[17] 赵达维, 刘天琪, 李兴源, 等. 电网黑启动方案评价指标体系及应用[J]. 电力系统自动化, 2012, 36(21): 7-12.

[18] 胡键, 郭志忠, 刘迎春, 等. 故障恢复问题和发电机恢复排序分析[J]. 电网技术, 2004, 28(18): 1-4, 15.

[19] El-Zonkoly A M. Renewable energy sources for complete optimal power system black-start restoration[J]. IET Generation, Transmission & Distribution, 2015, 9(6): 531-539.

[20] 刘艳, 张华. 基于失电风险最小的机组恢复顺序优化方法[J]. 电力系统自动化, 2015, 39(14): 46-53.

[21] Liu Y, Gu X P. Reconfiguration of network skeleton based on discrete particle-swarm optimization for black-start restoration[C]. IEEE Power Engineering Society General Meeting, Montreal, 2006: 1-3.

[22] 张国松, 刘俊勇, 魏震波, 等. 兼顾拓扑优先与路径电气影响的骨架网络重构[J]. 电力系统保护与控制, 2011, 39(17): 1-6.

[23] 王亮, 刘艳, 顾雪平, 等. 综合考虑节点重要度和线路介数的网络重构[J]. 电力系统自动化, 2010, 34(12): 29-33.

[24] 刘强, 石立宝, 倪以信, 等. 电力系统恢复控制的网络重构智能优化策略[J]. 中国电机工程学报, 2009, 29(13): 8-15.

[25] Jeon Y J, Kim J C, Kim J O, et al. An efficient simulated annealing algorithm for network reconfiguration in large-scale distribution systems[J]. IEEE Transactions on Power Delivery, 2002, 17(4): 1070-1078.

[26] El-Werfelli M, Dunn R, Iravani P. Backbone-network reconfiguration for power system restoration using genetic algorithm and expert system[C]. International Conference on Sustainable Power Generation and Supply, Nanjing, 2009: 1-6.

[27] Mori H, Takeda K. Parallel simulated annealing for power system decomposition[J]. IEEE Transactions on Power Systems, 1994, 9(2): 789-795.

[28] Sun W, Liu C C, Zhang L. Optimal generator start-up strategy for bulk power system restoration[J]. IEEE Transactions on Power Systems, 2011, 26(3): 1357-1366.

[29] Nagata T, Hatakeyama S, Yasouka M, et al. An efficient method for power distribution system restoration based on mathematical programming and operation strategy[C]. IEEE International Conference on Power System Technology, Perth, 2000: 1545-1550.

[30] 刘强. 电力系统恢复控制的协调优化策略研究[D]. 保定: 华北电力大学, 2009.

[31] Nadira R, Liacco T E D, Loparo K A. A hierarchical interactive approach to electric power system restoration[J]. IEEE Transactions on Power Systems, 1992, 7(3): 1123-1131.

[32] Toune S, Fudo H, Genji T, et al. A reactive tabu search for service restoration in electric power distribution systems[C]. IEEE International Conference on Evolutionary Computation, Anchorage, 2002: 763-768.

[33] 陈小平, 顾雪平. 基于遗传模拟退火算法的负荷恢复计划制定[J]. 电工技术学报, 2009, 24(1): 171-175, 182.

[34] 林济铿, 潘光, 李云鹏, 等. 基于基本树的网络拓扑放射性快速判断方法及配网重构[J]. 中国电机工程学报, 2013, 33(25): 156-166, 23.

[35] Adibi M M, Kafka R J. Power system restoration issues[J]. IEEE Computer Applications in Power, 1991, 4(2): 19-24.

[36] Chou Y T, Liu C W, Wang Y J, et al. Development of a black start decision supporting system for isolated power systems[J]. IEEE Transactions on Power Systems, 2013, 28(3): 2202-2210.

[37] Perez-Guerrero R E, Heydt G T. Distribution system restoration via subgradient-based lagrangian relaxation[J]. IEEE Transactions on Power Systems, 2008, 23(3): 1162-1169.

[38] Perez-Guerrero R, Heydt G T, Jack N J, et al. Optimal restoration of distribution systems using dynamic programming[J]. IEEE Transactions on Power Delivery, 2008, 23(3): 1589-1596.

[39] 曾业运. 基于DG孤岛运行的配电网供电恢复策略研究[D]. 长沙: 湖南大学, 2015.

[40] 王大江, 梁海平, 李文云, 等. 扩展黑启动中恢复路径充电方式分析研究[J]. 电测与仪表, 2015, 52(1): 75-80.

[41] Sun L, Lin Z Z, Xu Y, et al. Optimal skeleton-network restoration considering generator start-up sequence and load pickup[J]. IEEE Transactions on Smart Grid, 2018, 10(3): 3174-3185.

[42] Xie Y Y, Liu C S, Wu Q W, et al. Optimized dispatch of wind farms with power control capability for power system restoration[J]. Journal of Modern Power Systems and Clean Energy, 2017, 5(6): 908-916.

[43] 林济铿, 刘阳升, 潘毅, 等. 基于Mayeda生成树实用算法与粒子群算法的配电网络重构[J]. 中国电机工程学报, 2014, 34(34): 6150-6158.

[44] 中国运筹学会数学规划分会. 中国数学规划学科发展概述[J]. 运筹学学报, 2014, 18(1): 1-8.

[45] Qiu F, Li P J. An integrated approach for power system restoration planning[J]. Proceedings of the IEEE, 2017, 105(7): 1234-1252.

[46] Adibi M M, Borkoski J N, Kafka R J, et al. Frequency response of prime movers during restoration[J]. IEEE Transactions on Power Systems, 1999, 14(2): 751-756.

第 5 章　不确定性条件下的负荷恢复方法

5.1　概　　述

在电力系统停电恢复的三个阶段均需要恢复负荷，负荷恢复不仅是整个停电系统恢复的最终目的，也是恢复过程中平衡机组出力、稳定系统电压、保证整个恢复过程安全稳定进行的重要手段。在能源互联电网背景下，由于新能源大量接入配电网中，增大了停电电网恢复过程中负荷恢复量的不确定性。考虑到能源互联电网恢复过程中的安全性，尤其是在网架重构阶段，已恢复电网较为薄弱时，有必要对不确定性条件下的负荷恢复方法进行研究。因此，本章首先总结现有的负荷恢复方法，然后具体介绍确定性负荷恢复方法和不确定性负荷恢复方法。

5.2　负荷恢复方法

5.2.1　停电系统负荷恢复方法

当电力系统遭受极端天气、人为攻击时，系统完全停电，此时，停电系统依靠启动具有自启动能力的机组，逐渐带动其他无自启动能力的机组，通过机组、线路、负荷之间的协调，不断扩大供电范围，最终实现整个停电系统的恢复，这样的过程称为电力系统停电恢复[1-13]。负荷恢复贯穿电力系统停电恢复的整个过程，其不仅是停电系统恢复的最终目标，还起着平衡发电机组出力、调节系统电压与频率的作用。

在停电系统恢复过程中，负荷恢复发生在如下两个时期[14-19]：第一，在电网恢复初期，主网网架尚未形成，发电机组输出的功率需要一定的负荷进行平衡；第二，在停电系统的网架重构结束后，系统具有足够的发电容量，负荷开始大量恢复。

1. 电网恢复初期

在电网恢复初期，网架比较薄弱，已启动的发电机组应尽快上升到最小稳定出力，这一过程需要投入一定量的负荷进行平衡；同时，当发电机组恢复线路时，为防止过电压的产生，也需要在线路首端或末端投入适量负荷[20]。若投入的负荷过大，则可能导致系统的频率、电压下降，甚至会造成低频减负荷装置动作或机组跳闸；若投入的负荷过小，则会增加开关动作次数，减缓主网恢复的进程。因此，为了保证恢复过程中系统的安全与稳定，对电网恢复初期负荷恢复方法的研究十分必要。

对电网恢复初期负荷恢复方法的研究，一般以优先恢复重要负荷、负荷投入时间最短、重要负荷恢复比例最大等为优化目标，综合考虑机组与负荷之间的交叉影响，计及系统暂态频率、暂态电压、发电机特性、负荷特性、潮流等约束，建立电力系统大停电后的负荷恢复模型。该模型是混合整数非线性模型，求解方案一般为智能算法。文献[18]基于信息间隙理论，计及负荷恢复时的暂态频率、暂态电压、潮流等约束，以负荷最大波动量为优化目标建立了大电网黑启动后的负荷恢复模型。文献[21]引入负荷冲击能量和动态频率两个指标，以优先恢复尽可能多的重要负荷、为系统注入尽可能多的负荷冲击能量为优化目标，考虑网络、稳态频率、动态频率、发电机出力、有功功率、负荷、电压、线路等约束，并采用遗传算法进行求解。文献[22]将负荷恢复和网架重构解耦成两阶段优化问题：第一阶段以恢复负荷加权和最大为优化目标，考虑发电机组、直流潮流、频率等约束，建立混合整数线性模型，运用 CPLEX 求解；第二阶段以恢复速度最快为优化目标，考虑线路恢复时间、增广交流潮流等约束，建立非线性模型，运用原始-对偶内点法求解。文献[23]分析了机组启动与负荷恢复的交叉影响，以负荷恢复加权最大为优化目标，计及最大可恢复负荷量、单个负荷的最大功率、潮流约束，采用分时步恢复策略，并运用贪婪算法求解。文献[24]以加权负荷恢复总量最大为目标函数，计及动态电压、线路热稳、发电机出力、动态频率、功角稳定约束，并运用自适应遗传算法进行求解。文献[25]以有功功率最小化、时间最小化和重要负荷比例最大化等多项因素为优化目标，运用贪婪算法求解；同时，针对线路充电时的负荷恢复问题，提出了基于二分法的优化流程。文献[26]首先引入了恢复负荷的线路合闸操作次数约束，对电网进行优化分区，之后计及网架重构影响因素，对各分区建立负荷恢复模型，同样运用遗传算法求解。文献[27]考虑了冷负荷特性，以负荷恢复量最大为目标函数，建立了已恢复、冷负荷恢复、最优负荷恢复的模型，运用罚函数法和粒子群优化算法进行求解。文献[28]在考虑负荷恢复过程中系统频率和稳态电压约束的基础上，考虑了暂态电压约束，并提出了改进二分法对负荷恢复模型进行求解。文献[29]研究了网架重构阶段机组与重要负荷的协调恢复，以热启动机组的总容量为上层目标，以总负荷损失为下层目标，采用多层编码遗传算法进行求解。文献[30]以网架节点电压偏移程度、机组进相运行程度和潮流熵为优化目标，确定各节点负荷投入量，考虑了系统无功约束与机组自励磁约束、潮流约束、恢复功率约束、单次投入负荷最大约束，并运用改进粒子群优化算法进行求解。

2. 网架重构结束后

在电网恢复的最后阶段，系统的网架已经基本构建完成，负荷开始大量恢复。这一阶段的负荷恢复研究一般以尽可能多、尽可能快地恢复负荷为优化目标，约束条件主要是机组出力限制、负荷投入量、系统频率、电压、潮流。由于潮流约束的非线性特性，负荷恢复模型的求解方法一般为粒子群优化算法、遗传算法、分支割平面法等，也有学者对负荷恢复模型进行线性化改进，并运用线性解耦最优潮流算法、连续线性规划法进行求解。文献[31]将负荷恢复建模为多阶段决策过程，以最大负荷恢复为优化目标，以交流潮流和机组旋转备用为约束，建立混合整数非线性模型，并运用分支切割算法进行高效求解。文献[32]以全局恢复量最大为目标，计及系统的潮流和暂态约束，提出了在负荷侧求取最大可恢复量，利用旅行商问题求解当前最优解。文献[33]只考虑系统稳态频率约束，利用线性解耦最优潮流算法进行求解。文献[34]针对负荷恢复阶段中的潮流问题，运用连续线性规划法进行求解，并分析了系统频率变化过程。文献[35]利用增广潮流引入系统频率，并用罚函数法处理负荷恢复过程中所需要满足的约束，运用基于遗传的模拟退火算法进行求解。文献[36]将负荷恢复过程建模为序贯策略，以每一时步的负荷恢复量最大为优化目标，考虑潮流约束和离散负荷增量，并将每一时步的负荷恢复模型建模为混合整数非线性规划模型，采用分支割平面法进行求解。文献[37]将负荷投入顺序加入优化目标，校验了暂态电压约束，最后采用自适应粒子群优化算法进行求解。文献[38]将负荷恢复问题建模为多约束条件的组合优化问题，运用改进遗传算法进行求解。

5.2.2　新能源发电机组参与的停电系统负荷恢复方法

当传统电力系统发生大停电事故时，在启动机组满足启动功率后，机组出力受其爬坡能力的限制，有时无法满足重要大负荷的有功功率需求，负荷恢复效率明显偏低，系统亟须额外的功率支持。随着电力电子技术的发展，大规模风力、光伏等新能源系统并网发电为停电系统负荷恢复带来了有力的功率支撑[39,40]。目前，国内外学者对大规模新能源参与主网停电负荷恢复已经有了一定的研究成果。

在适当条件下，大规模新能源系统并网参与停电系统负荷恢复可以有效提高负荷恢复的效率。新能源由于启动功率小、启动速率快等特点，可以快速地投入停电系统中，新能源系统的有功出力不仅可以用于平衡一部分的负荷需求以提高系统的恢复效率，还可以通过负荷需求有效地消纳自身的弃风、弃光量。文献[41]和[42]将新能源引入了停电系统的负荷恢复过程中，验证了新能源的并入可以加快负荷恢复的进程。文献[43]将大规模风电并入主电网，并将电网恢复过程分为两阶段，运用了列和约束生成分解算法进行求解，验证了风电的参与可以增加负荷的恢复量，并且能够提高风电的利用率，减少弃风量。文献[44]分析了电力系统停电恢复过程中风电提前接入对电网恢复的影响，研究总结了风电接入对系统频率、电压、稳定性的影响，最后验证了风电接入后能够使得系统额外恢复重要负荷。文献[45]分析了参与黑启动风电机组的出力特性，基于国网辽宁省电力有限公司的实际数据，验证了在适当的条件下，风电的接入有利于加快电力系统停电恢复进程。文献[46]针对主网恢复后期的负荷恢复，以单时步决策的方法，并计及风电场的参与构建了源荷协调优化的模型，该模型以单步负荷投入量最大和恢复操作时间最短为优化目标，考虑单次负荷最大投入有功功率、常规机组出力、系统备用容量、潮流等约束，并将交流潮流近似线性化，进而高效求解。

但是新能源系统由于自身的波动性与不确定性，也为系统的负荷恢复带来了巨大风险，当新能源系统实际有功功率输出与预期相差较大时，甚至会造成系统的再次停电。因此，停电系统负荷恢复的研究中需要计及新能源的不确定性。文献[47]在黑启动机组与一台火电机组并网后，接入风电场，并以各时步可恢复的负荷量最大为目标函数，求得预构网架；在预构网架的基础上，计及风电不确定性，以系统恢复成本最小为目标函数，决策出网架中风电可接入的出力区间。文献[48]针对大停电后负荷恢复问题，引入风电，将恢复效益与失负荷风险作为优化目标，运用鲁棒理论考虑风电的不确定性，并采用遗传算法进行求解，得到了兼顾安全与恢复效益的负荷恢复方案。文献[49]考虑风电参与停电系统恢复过程中的风电不确定性，利用条件风险价值方法，建立风电出力满足一定置信水平的确定性多目标混合整数非线性规划模型，并通过潮流线性化和分层序列法将模型转换为双层单目标线性规划模型，提高了求解效率。

综上所述，目前对新能源参与停电系统负荷恢复的相关研究中，已经考虑了新能源的不确定性，但缺少对新能源与负荷不确定性的考量。然而，在实际大规模新能源参与的电网恢复过程中，由于新能源和负荷都具有不确定性，各个节点的新能源实际出力量与负荷实际恢复量都可能与预测值相差较大，若不考虑新能源和负荷的不确定性，按照预定的恢复方案进行电网停电恢复，则极有可能造成新能源出力达不到预测要求，负荷需求无法满足，进而发生甩负荷、系统频率和电压失稳等安全性问题。特别是停电系统恢复初期，网架尚未完全形成，此时对功率平衡要求较高，若实际值与预测值之间的偏差较大，则很有可能造成已恢复的电网解列。在 2003 年美加 "8·14" 大停电恢复过程中，当时电网内的网架尚未完全形成，而实际负荷恢复量高于预期，电网的功率缺额又无法弥补，为了避免电网再次崩溃，调度中心紧急切除了 300MW 负荷用于保证恢复系统的安全运行[50]。在 2017 年的澳大利亚 "2·8" 大停电事故中，澳大利亚南部地区电网风电装机占比约 30%，在极端高温天气的威胁下，用户的用电量骤增，而电网中的实际风电出力并未达到预期，直接造成了大量用户非计划停电[51]。由此可见，在大规模新能源参与的停电系统负荷恢复过程中，需要考虑新能源和负荷的不确定性。

5.2.3　考虑新能源发电机组出力和负荷不确定性的处理方法

在现有的新能源参与的电力系统停电负荷恢复的研究中，考虑新能源和负荷不确定性的相关研究较少。文献[52]针对大停电后负荷快速恢复的问题，基于可信性理论，引入了风电和负荷不确定量的模糊模型处理两者的不确定性，并采用清晰等价类方法，将模糊模型转换为确定性混合整数规划模型，提高了求解效率。但是以模糊规划方法考虑风电和负荷的不确定性，存在以下不足：模糊模型中的隶属度函数一般是根据专家经验或历年数据制定的，由于新能源和负荷的波动难以预测，所以隶属度函数无法准确表示新能源和负荷的不确定性。

在电力系统背景下，考虑新能源和负荷不确定性的问题已经有了大量的研究。这些不确定量处理方法对停电系统负荷恢复背景下的新能源和负荷不确定性处理具有重要的借鉴意义。不确定量处理方法主要分为概率方法[53,54]、模糊规划法[55-58]、区间分析法[59,60]、鲁棒优化方法[61,62]等。

1. 概率方法

概率方法是根据不确定量的概率密度函数，将不确定量表征为确定性的形式。其具体步骤为：对概率密度函数进行抽样，抽样所得的 N 个随机不确定量的值都要满足模型中的所有约束。

2. 模糊规划法

模糊规划法是将不确定量所在的约束集合表示为模糊集合，以隶属度函数评价模糊集合，不确定量以隶属度函数为基础，在一定程度上属于约束集合，当隶属度函数值为 1 时，不确定量属于约束集合；当隶属度函数值为 0 时，不确定量不属于约束集合。

3. 区间分析法

区间分析法是将不确定量固定在一个上、下界已知的区间内，保证在区间内不确定量的波动不会导致模型中约束的越限，同时无须对不确定量的概率分布等进行分析。

4. 鲁棒优化方法

鲁棒优化方法是将不确定量以集合的形式表征出来，集合形式多样，可以是盒型、球型、多面体型等，通过考虑最恶劣场景下的最优化问题，确定不确定量在模型中不会越限情况下的最优决策，也无须考虑不确定量的具体概率分布。同时，不确定度的引入也使得鲁棒方法不会过于保守，可以根据实际情况的需求调整决策方案。

上述四种不确定量处理方法各自适用于不同的场景，在大规模新能源参与的电力系统停电负荷恢复的背景下，新能源的实际出力和负荷的实际恢复量数据较少，且缺乏明显的规律，而概率方法和模糊规划法分别以不确定量的概率密度函数及不确定量所在模糊集合的隶属度函数为基础，概率密度函数与隶属度函数都是以大量的历年数据与专家经验为前提的，因此概率方法和模糊规划法不适用于本章场景。区间分析法已知不确定量的上、下界，但是不确定量的区间无法调整，求解的结果过于保守。相比之下，鲁棒优化方法考虑在最恶劣场景下的最优解问题，在保证满足所有约束的基础上决策出最优方案，同时不确定度的引入也使得不确定量集合可调，满足不同实际需求。

5.3　确定性负荷恢复方法

5.3.1　确定性负荷恢复模型

在电网恢复过程中负荷恢复的目标是，在满足负荷投入过程中的电压、频率和潮流约束的前提下，尽可能多地恢复重要负荷，因此在不考虑负荷波动的情况下，负荷恢复的优化问题可以建模如下。

1. 目标函数

一方面，在停电电网恢复过程中，随着非黑启动机组不断并网发电，系统中有功功率出力不断增加，为了保证恢复过程的安全，需要投入一定量的负荷不断平衡发电机出力；另一方面，为了加快电网的恢复进程，尽量减小损失，该阶段也需要恢复尽可能多的重要负荷。但是考虑到负荷的一次性投入对正在恢复的系统造成的电压波动和频率振荡较大，通常采用分时步优化的思路研究负荷恢复的优化问题[63]。因此，每一时步负荷恢复的优化目标可以表示如下：

$$\max f = \sum_{i=1}^{n} \sum_{j=1}^{m_i} \omega_{ij} x_{ij} P_{\mathrm{L},ij} \tag{5.1}$$

式中，f 为当前时步加权负荷恢复量；n 为当前时步待恢复负荷节点总数；m_i 为节点 i 的负荷出线个数；ω_{ij} 为节点 i 的第 j 号出线的权值，一般采用该出线一类负荷量占总负荷量的比例表示；x_{ij} 为 0-1 变量，表示负荷出线投运状态，0 表示负荷点未投入，1 表示负荷点投入；$P_{\mathrm{L},ij}$ 为节点 i 的第 j 号出线在该时步内预测负荷恢复量。

2. 约束条件

黑启动的恢复过程是一个多约束、非线性、多阶段、混合整数规划问题，整个恢复过程需要满足很多约束条件，主要包括线路潮流、功率平衡、电压上下限及频率上下限，以及动态约束条件，如暂态稳定、发电机爬坡率限制等，合理的负荷恢复对满足上述约束有重大作用。在本章中，负荷恢复需要满足最大可恢复负荷量约束、潮流约束、电压上下限约束及发电机出力约束，对于其他的约束条件作者认为都已经满足。

1）最大可恢复负荷量约束

$$\begin{cases} \displaystyle\sum_{i=1}^{n}\sum_{j=1}^{m_i} x_{ij}P_{L,ij} < \Delta P_{\Sigma} \\ \displaystyle\Delta P_{\Sigma} = \sum_{i=1}^{N_G}\Big[P_{G,i}(t+\Delta t) - P_{G,i}(t) \Big] \end{cases} \tag{5.2}$$

式中，N_G 为当前已恢复电源数；$P_{G,i}(t)$ 为 t 时刻机组 i 的出力；ΔP_{Σ} 为在 Δt 时间内已并网爬坡机组的总新增出力；第一个不等式表示该时步最大可恢复负荷量必须小于已并网机组在当前时步内的新增出力。

2）单次投入负荷最大有功功率约束

$$P_{Lmax} \leqslant \Delta f_{max} \sum_{i=1}^{N_G} \frac{P_{Ni}}{df_i} \tag{5.3}$$

式中，P_{Lmax} 为当前时步负荷最大允许有功投入量；Δf_{max} 为系统暂态频率最大允许下降值，通常取 0.5Hz；N_G 为当前已恢复电源数；P_{Ni} 为机组 i 的额定有功功率出力；df_i 为机组 i 的暂态频率响应值，不同类型机组有不同的暂态频率响应值，本节参考文献[64]取值。该约束的目的是确保有功负荷的投入不至于导致暂态频率下降超过 Δf_{max}，影响系统稳定。

3）各节点单次投入负荷最大无功功率约束

$$Q_{Lmax} \leqslant \frac{\Delta U_{i\,max}}{U_{iN}} S_{i\,sc} \tag{5.4}$$

式中，Q_{Lmax} 为当前时步节点负荷最大允许无功功率投入量；$\Delta U_{i\,max}$ 为节点 i 暂态电压最大允许变化量，本节取 10%；U_{iN} 为节点 i 的额定电压；$S_{i\,sc}$ 为节点 i 的短路容量。该约束的目的是确保无功负荷的投入不至于导致暂态电压下降超过 $\Delta U_{i\,max}$。

4）稳态潮流约束

$$
\begin{cases}
P_{\mathrm{d},i} = V_i \sum_{j=1}^{N} V_j \left(G_{ij} \cos \delta_{ij} + B_{ij} \sin \delta_{ij} \right) \\
Q_{\mathrm{d},i} = V_i \sum_{j=1}^{N} V_j \left(G_{ij} \sin \delta_{ij} - B_{ij} \cos \delta_{ij} \right)
\end{cases}
\tag{5.5}
$$

式中，$P_{\mathrm{d},i}$ 和 $Q_{\mathrm{d},i}$ 分别为节点 i 的有功和无功注入功率；V_i 为节点 i 的电压；G_{ij} 和 B_{ij} 分别为节点 i 与 j 之间的电导和电纳；δ_{ij} 为 V_i 与 V_j 的相角差；N 为节点数。

5）机组出力、电压约束

$$
\begin{cases}
P_{\mathrm{G},i\,\mathrm{min}} \leqslant P_{\mathrm{G},i} \leqslant P_{\mathrm{G},i\,\mathrm{max}} \\
Q_{\mathrm{G},i\,\mathrm{min}} \leqslant Q_{\mathrm{G},i} \leqslant Q_{\mathrm{G},i\,\mathrm{max}} \\
V_{i\,\mathrm{min}} \leqslant V_i \leqslant V_{i\,\mathrm{max}}
\end{cases}
\tag{5.6}
$$

式中，$P_{\mathrm{G},i}$ 和 $Q_{\mathrm{G},i}$ 分别为机组 i 的有功功率和无功功率出力；$P_{\mathrm{G},i\,\mathrm{min}}$ 和 $P_{\mathrm{G},i\,\mathrm{max}}$ 分别为机组 i 最小有功功率出力和最大有功功率出力；$Q_{\mathrm{G},i\,\mathrm{min}}$ 和 $Q_{\mathrm{G},i\,\mathrm{max}}$ 分别为机组 i 的最小无功功率出力和最大无功功率出力；V_i 为节点 i 的电压值，为了保证系统的稳定，防止电压波动过大造成系统崩溃，本节规定各节点电压标幺值波动的范围必须为 0.9～1.1。

3. 求解方法

本节采用人工蜂群算法进行求解优化模型。当基于人工蜂群算法求解确定性负荷恢复模型时，随机生成的各个待选负荷恢复方案对应各个蜜源，通过不断迭代更新当前最优蜜源，最终找到最优的蜜源即可确定最优的负荷恢复方案。基于人工蜂群算法的负荷恢复鲁棒方案优化流程如图 5.1 所示，具体步骤如下：

（1）初始化及参数设置。输入待恢复系统的机组、线路、负荷等相关参数，设置人工蜂群算法相关参数，包括种群数量 N（其中引领蜂、跟随蜂各占 50%）、最大迭代次数 MCN、蜜源最大限制开采次数 Limit。初始时刻，已迭代次数和蜜源开采次数均置为 0。

（2）蜜源生成。选择已恢复系统中和恢复路径上的负荷点，即待恢复负荷点，确定所有待恢复负荷点总的出线个数 D，初始时刻，种群中所有蜜蜂全为侦察蜂，随机产生 N 个 D 维的 0-1 负荷恢复序列，N 个负荷恢复序列即表示 N 个初始蜜源，按式（5.3）校验系统单次最大投入量约束确定实际可以恢复的负荷出线，按照适应度值排序，前 50% 为引领蜂，后 50% 的为跟随蜂，直到蜜源满足所有约束为止。

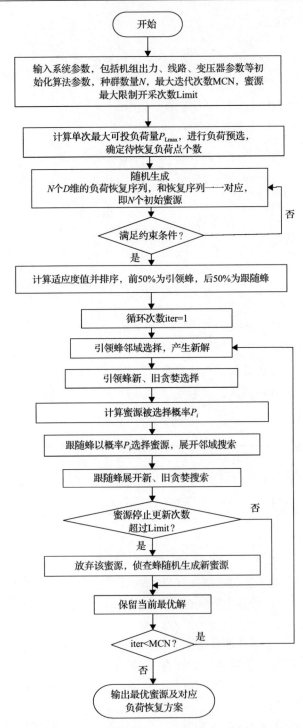

图 5.1　基于人工蜂群算法的负荷恢复鲁棒方案优化流程

(3)引领蜂搜索阶段。每个引领蜂在对应的蜜源周围进行邻域搜索，计算新搜索到的蜜源的适应度值，和原蜜源的适应度值比较，如果新蜜源的适应度值比原蜜源的适应度值大，则取代原蜜源，将已开采次数置 0；否则，原蜜源不更新，开采次数加 1。

(4)跟随蜂搜索阶段。引领蜂将采集到的蜜源信息分享给跟随蜂，蜜源被跟随蜂选择跟随的概率取决于蜜源的质量，质量越好，概率越大。蜜源 i 被选择的概率可以由式(5.7)计算：

$$P_i = \frac{\text{fit}_i}{\sum_{i=1}^{S_N} \text{fit}_i} \tag{5.7}$$

式中，P_i 为蜜源被选择的概率；S_N 为蜜源总数；fit_i 为蜜源 i 的适应度值。跟随蜂根据概率值 P_i 选择蜜源，在被选中的蜜源周围进行邻域搜索，计算搜索到的新蜜源的适应度值，比较新旧蜜源的适应度值大小，根据贪婪原则，如果新蜜源更优，则取代原蜜源位置，同时该跟随蜂转换为引领蜂，新蜜源已开采次数置 0。否则，原蜜源和引领蜂保持不变，原蜜源的开采次数加 1。

(5)侦察蜂搜索阶段。引领蜂和跟随蜂搜索阶段结束后，优化过程总迭代次数加 1，并记录该轮迭代产生的最优蜜源。若一个蜜源的开采次数达到上限，则放弃该蜜源，同时蜜源对应的蜜蜂转换成侦察蜂，重新搜索随机生成的新蜜源，已开采次数置 0。

(6)判断是否结束迭代。如果迭代次数还未达到设定上限，则转至步骤(3)重新搜索，直到达到迭代次数上限后输出多次迭代后当前最优蜜源，即优化得到对应的负荷恢复方案。

5.3.2　算例分析

1. 算例场景

本节采用 IEEE-10 机 39 节点系统验证本节所提模型和求解方法的有效性。其电网拓扑如图 4.6 所示，假设 30 号机组为具备自启动能力的水电机组，作为系统的黑启动机组，其余均为火电机组，不具备自启动能力，各机组的参数如表 5.1 所示。假设系统中每条线路恢复的时间为 4min，启动机组时的路径由 Dijkstra 算法搜索得到，如图 4.6 中粗实线所示，机组的恢复顺序假设由调度人员指定，为 30-31-37-38-39-32-33-34-35-36，30 号机组为平衡机组，为了保证留有一定备用容量，最大出力为额定出力的 80%。

本节采用人工蜂群算法进行求解优化模型，相关参数设置如下：种群数量

N=20，最大迭代次数 MCN=200，蜜源最大开采次数 Limit=5。

表 5.1　IEEE-10 机 39 节点系统发电机参数

发电机节点编号	发电机容量/MW	爬坡率/(%/min)	启动功率/MW	最大热启动时间/min	最小冷启动时间/min	预热时间/min
30	350	2.0	0	—	—	0
31	1145	1.0	68.7	45	180	10
32	750	1.0	52.5	45	180	10
33	750	1.0	67.5	60	180	10
34	660	1.0	46.2	60	180	10
35	750	1.0	75	60	180	10
36	660	1.0	52.8	60	180	10
37	640	1.0	38.4	60	180	10
38	930	1.0	46.5	45	180	10
39	1100	1.0	88	60	180	10

2. 确定性负荷恢复模型求解结果分析

本节假设恢复一个机组为 1 个时步(按照本章的仿真场景,恢复所有机组网架一共需要 9 个时步),并按时步对确定性负荷恢复模型求解结果进行分析。由于借鉴分时步优化的思想构建了确定性负荷恢复模型,所以本节只介绍前 3 个时步的求解结果,之后时步与前 3 个时步类似,不再赘述。本节的分析主要包括以下两点:

(1)人工蜂群算法在求解确定性负荷恢复模型时的稳定性分析;

(2)人工蜂群算法在求解确定性负荷恢复模型时的迭代过程和决策结果。

1)黑启动水电机组 30 节点恢复火电机组 31 节点(第一时步)

本时步的线路、机组、负荷情况如下。

(1)线路:恢复路径由调度人员指定为 30-2-3-4-5-6-31,途经 6 条线路,历时 24min。

(2)机组:第一时步仅由黑启动机组 30 节点供电,根据 2.3.1 节中的爬坡率数据,可知机组 30 节点最多可出力 168MW,火电机组节点 31 需要启动功率为 68.7MW。单次最大负荷有功功率投入量应小于 32.71MW。

(3)负荷:其中节点 3、4、31 上分别带有不同负荷出线,在实际恢复过程中,每根负荷出线的权值可以依据实际负荷重要程度进行设置,本节以一类负荷在总负荷中的占比为衡量指标,设置了待恢复节点的负荷出线的恢复量和权值,如表 5.2 所示,其中(a)与(b)中的预测有功负荷与权值一一对应。

表 5.2　第一时步待恢复负荷出线预测有功负荷和权值

(a) 预测有功负荷

负荷节点	各出线预测有功负荷/MW
31	9.2
4	10/15/20/25/30/32/35/38/40/50/80/125
3	10/14/16/28/30/34/45/55/90

(b) 权值

负荷节点	权值
31	0.8
4	0.52/0.48/0.12/0.14/0.29/0.42/0.49/0.34/0.59/0.53/0.68/0.42
3	0.51/0.27/0.5/0.52/0.14/0.25/0.23/0.5/0.6

　　为避免人工蜂群算法易陷入局部最优解的问题，以加权负荷恢复量最大为优化目标，将基于人工蜂群算法的仿真重复 25 次得到如图 5.2 所示的结果。

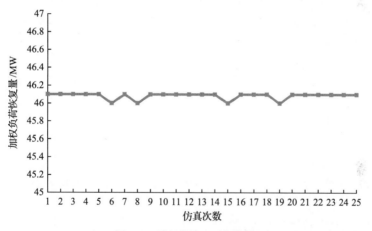

图 5.2　重复仿真 25 次结果

　　图 5.2 中，在第 6、8、15、19 次求解出的加权负荷恢复量为 46MW，其余的加权负荷恢复量都为 46.1MW，平均求解时长为 3756.8s。25 次仿真结果中加权负荷恢复量之间的最大误差不超过 0.3%，验证了人工蜂群算法虽然求解时间较长，但是在求解确定性负荷恢复模型时的稳定性较高。

　　选取 25 次仿真结果中加权负荷恢复量最大的负荷恢复方案进行分析，人工蜂群算法迭代过程中加权负荷恢复量变化情况如图 5.3 所示。图中，人工蜂群算法的初始解为 39.22MW(默认迭代次数为 0)，经过 7 次迭代后，加权负荷恢复量被优化为 43.2MW，经过 25 次迭代后逐渐逼近最优解，加权负荷恢复量达到 46MW，最后经过 30 次迭代后最优解收敛，并趋于稳定，即最优加权负荷恢复量为

46.1MW。最优加权负荷恢复量对应的负荷出线情况如表5.3所示。

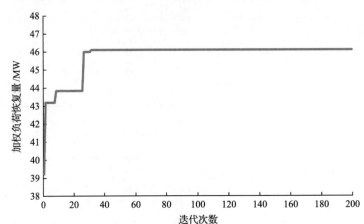

图 5.3　第一时步人工蜂群算法迭代过程中加权负荷恢复量变化情况

表 5.3　最优加权负荷恢复量对应的负荷出线情况

节点	各出线预测有功负荷(MW)/权值	负荷恢复量/MW	加权负荷恢复量/MW
31	9.2/0.8	9.2	7.36
4	10/0.52, 15/0.48	25	12.4
3	14/0.27, 16/0.5, 28/0.52	58	26.34

　　由表 5.3 可知，第一时步决策出的负荷恢复策略为 3(2)(3)(4)、4(1)(2)、31(1)，代表恢复节点 3 的第 2、3、4 根出线，恢复节点 4 的第 1、2 根出线，恢复节点 31 的第 1 根出线(以表 5.2 中的负荷出线数据顺序为基准，下面的负荷恢复策略都采用这样的形式表示)。第一时步负荷恢复总量为 92.2MW，加权负荷恢复总量为 46.1MW。

　　2)启动机组 37(第二时步)

　　第二时步是由已恢复的小系统 30-2-3-4-5-6-31 为机组 37 提供启动功率。本时步线路、机组、负荷情况如下。

　　(1)线路：线路恢复顺序由调度人员指定为 2-25-37，第二时步需要恢复两条线路，分别为 2-25 和 25-37，历时 8min。

　　(2)机组：机组 37 节点所需的启动功率为 38.4MW，在第一时步的基础上需再经过 8min 方才送达。根据 2.3.1 节中的发电机数据，水电机组 30 节点可以增发功率 56MW，而在第一时步刚刚满足启动功率的机组 31 节点需要经过 10min 的预热时间，从而在第二时步过程中机组 31 节点并没有并网发电，无法为负荷恢复提供功率支撑，本时步的单次最大负荷投入量为 32.71MW。

　　(3)负荷：由表 5.3 可知，第一时步已恢复节点 3、4、31 中的部分出线，同时在第二时步中，新增负荷节点 25，因此第二时步待恢复负荷的出线预测有功负荷、权值等数据如表 5.4 所示。本节的负荷出线权值同样是依据一类负荷在负荷总量中的占比来划分的。

表 5.4　第二时步待恢复负荷出线预测有功负荷和权值

(a) 预测有功负荷

负荷节点	各出线预测有功负荷/MW
25	11/16/10/15/15/17/40/100
4	20/25/30/32/35/38/40/50/80/125
3	10/30/34/45/55/90

(b) 权值

负荷节点	权值
25	0.6/0.31/0.4/0.15/0.56/0.66/0.46/0.33
4	0.12/0.14/0.29/0.42/0.49/0.34/0.59/0.53/0.68/0.42
3	0.51/0.14/0.25/0.23/0.5/0.6

运用人工蜂群算法对第二时步进行迭代求解，第二时步所经历的时间较短，可供负荷恢复的有功功率出力较少，仅有 17.6MW，因此算法在迭代的第一次已找出确定性模型的最优解，即加权负荷恢复量为 11.22MW。

运用人工蜂群算法求解确定性负荷模型，得到第二时步的负荷恢复方案为 25(6)(以表 5.4(a) 中的负荷出线数据顺序为基准)，第二时步负荷恢复总量为 17MW，加权负荷恢复总量为 11.22MW。

3) 启动机组 38(第三时步)

第三时步是由已恢复的水电机组 30 节点、火电机组 31 和 37 节点构成的小型网架为机组 38 节点提供启动功率。本时步的线路、机组、负荷情况如下。

(1) 线路：线路恢复顺序由调度人员指定为 25-26-29-38，第三时步需要恢复三条线路，分别为 25-26、26-29、29-38，共历时 12min。

(2) 机组：机组 38 节点所需的启动功率为 46.5MW，在第二时步的基础上需再经过 12min 方才送达。根据 2.3.1 节中的数据，上一时步水电机组 30 节点已经出力 221.9MW，为了保留 20%额定容量的裕量，本时步最大增发功率为 58.9MW；机组 31 节点已经过预热时间并网发电，可增发功率 114.5MW，机组 37 节点需要经过预热时间，在本时步也可以并网发电，增发功率为 10.24MW。由于有新机组节点 31 参与调频，所以本时步最大单次负荷投入量为 99.59MW。

(3) 负荷：根据上述可知，第一时步与第二时步已恢复节点 3、4、25、31 中的部分出线。其中，节点 3 已恢复 58MW，节点 4 已恢复 25MW，节点 25 已恢复 17MW，节点 31 已恢复 9.2MW。同时在第三时步中，新增负荷节点 26 和节点 29，因此第三时步待恢复负荷的出线预测有功负荷、权值等数据如表 5.5 所示。同样，本节的负荷出线权值依据一类负荷在负荷总量中的占比来划分。

表 5.5　第三时步待恢复负荷出线预测有功负荷和权值

(a)　预测有功负荷

负荷节点	各出线预测有功负荷/MW
29	3/13/100/95/30/42.5
4	20/25/30/32/35/38/40/50/80/125
26	5/5/6/14/10/10/14/15/20/40
25	11/16/10/15/15/40/100
3	10/30/34/45/55/90

(b)　权值

负荷节点	权值
29	0.65/0.1/0.21/0.66/0.27/0.29
4	0.12/0.14/0.29/0.42/0.49/0.34/0.59/0.53/0.68/0.42
26	0.4/0.62/0.56/0.5/0.52/0.14/0.25/0.23/0.4/0.3
25	0.6/0.31/0.4/0.15/0.56/0.46/0.33
3	0.51/0.14/0.25/0.23/0.5/0.6

运用人工蜂群算法对第三时步进行迭代求解，加权负荷恢复量变化情况如图 5.4 所示。图中，算法的初始解为 54.4MW(默认迭代次数为 0)，经过 4 次迭代后，加权负荷恢复量被优化为 78MW，经过 27 次迭代后逐渐逼近最优解，加权负荷恢复

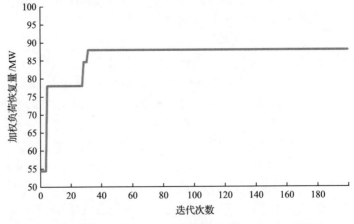

图 5.4　第三时步人工蜂群算法迭代过程中加权负荷恢复量变化情况

量达到 84.6MW，最后经过 38 次迭代后最优解收敛，并趋于稳定，即最优加权负荷恢复量为 87.96MW。得到第三时步的负荷恢复方案为 4(7)(9)、25(1)、26(3)(以表 5.5(a)中的负荷出线数据顺序为基准)。负荷节点 4、25、26 分别恢复负荷 120MW、11MW、6MW，负荷恢复总量为 137MW，加权负荷恢复总量为 87.96MW。

3. 恢复方案的安全性分析

在实际停电系统负荷恢复过程中，负荷出线实际恢复量存在不确定性，从而实际出线投入并不会和预测恢复量完全一致。以算例中的第一时步为例，即通过水电机组 30 节点为火电机组 31 节点提供启动功率，分析负荷不确定性对系统恢复的影响。

假设负荷出线实际恢复量满足的波动区间如式(5.8)所示，负荷出线的投入情况参考确定性负荷恢复结果(表 5.5)，负荷出线实际恢复量在波动区间内随机生成，共进行 25 次仿真，仿真结果以加权负荷恢复量为指标进行衡量，若负荷实际投入出线量造成约束的越限，即不满足运行安全的前提，则将此次的仿真结果置为 0。实际负荷出线恢复总量的 25 次仿真结果如图 5.5 所示。

$$\tilde{P}^{\mathrm{L}}_{ij,t} \in [0.8 P^{\mathrm{La}}_{ij,t}, 1.2 P^{\mathrm{La}}_{ij,t}] \tag{5.8}$$

式中，$\tilde{P}^{\mathrm{L}}_{ij,t}$ 为负荷出线的实际恢复量；$P^{\mathrm{La}}_{ij,t}$ 为负荷出线的预测恢复量。

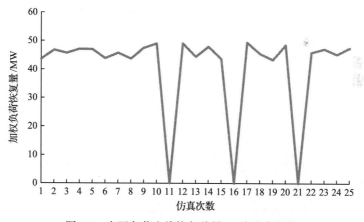

图 5.5　实际负荷出线恢复总量 25 次仿真结果

图 5.5 中，22 次仿真结果满足了安全约束，第 11、16、21 次的仿真结果为 0，结合图 5.6 和图 5.7 对这三次仿真结果进行分析，其存在的问题主要有单次投入负荷最大有功功率约束越限和最大可恢复负荷总量约束越限两种。

1)单次投入负荷最大有功功率约束越限

由图 5.6 可知，在第 11、16、21 次仿真中，负荷出线 3(4)(以表 5.2 的数据顺序为基准) 实际恢复量分别为 32.89MW、33.40MW、33.37MW，超过了负荷出线单次最大投入量 32.71MW，导致系统的频率下降超过 0.5Hz，严重影响系统安全。

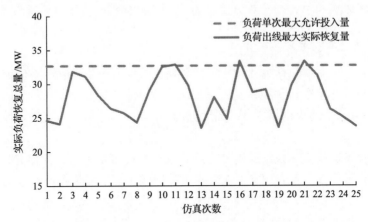

图 5.6　25 次仿真中的实际负荷恢复总量

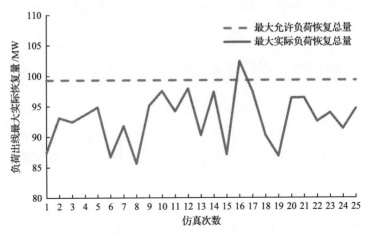

图 5.7　25 次仿真中的负荷出线最大实际恢复量

2) 最大可恢复负荷总量约束越限

由图 5.7 可知，在第 16 次仿真中，负荷实际总恢复量达到了 102.40MW，然而水电机组 30 节点受爬坡率的限制，还需要为火电机组 31 节点提供启动功率，只能提供 99.3MW 的有功功率用以负荷恢复，因此造成了系统中较大的功率缺额，违反了模型中的最大可恢复负荷总量约束。

综上所述，在实际停电系统负荷恢复时，需要计及负荷恢复量的不确定性，否则可能会出现单次投入负荷最大有功功率约束越限和最大可恢复负荷总量约束越限的情况，进而导致系统频率降低到限值以下，造成已恢复系统的再次停电。

5.4　考虑新能源发电机组出力不确定性的
停电系统负荷恢复鲁棒优化

为了加快停电系统负荷恢复的进程，本节考虑将新能源系统加入负荷恢复模型。针对新能源出力和负荷不确定性影响系统运行安全、不确定量概率密度和隶属度函数难以准确获取的问题，鲁棒优化是一种有效的解决方法。同时，针对人工蜂群算法求解速度较慢、易陷入局部最优解的问题，将第 4 章负荷恢复模型中的非线性交流潮流模型用支路潮流模型代替，以便于模型的凸化，加快求解速度。

5.4.1　理论基础与决策框架

本节介绍基于鲁棒优化理论且考虑新能源和负荷不确定性的停电系统负荷恢复模型的建模及求解过程中所需要的重要理论基础，包括鲁棒优化理论、支路潮流模型与停电系统负荷恢复的决策框架。

1. 鲁棒优化理论

1950 年，统计学家 Wald 提出了悲观决策准则，该准则要求决策者在最恶劣的实现情况下选择最优的方案，其中包含了鲁棒优化的核心思想，即"劣中选优"[65]。在 20 世纪 70 年代以后，鲁棒优化理论逐渐形成了较为完备的理论体系，由于其求解速度快，决策方案抗干扰能力强，在电力系统机组组合、经济调度等方面得到了广泛的应用。

鲁棒优化理论旨在最恶劣场景下决策出最优的方案。与随机优化和模糊优化等处理不确定性方法相比，鲁棒优化具有以下特点：

(1)鲁棒优化只需要知道不确定量的边界，无须考虑不确定量的概率密度函数或隶属度函数。在考虑新能源和负荷不确定性的负荷恢复过程中，新能源和负荷的波动性缺少足够的历史性数据，同时基于经验而设定的隶属度函数也难以满足实际决策的需求，因此随机优化与模糊优化不适合本节的场景。

(2)一般来说，鲁棒优化问题是通过对偶定理将模型转换为确定性的等价形式，求解的规模与随机优化和模糊优化相比较小。

(3)鲁棒优化的核心思想是在最恶劣场景下决策出最优的方案，这也会使得决策出的策略偏于保守。在网架重构负荷恢复过程中首先要保证的是系统的安全运行，因此选用鲁棒优化方法的目的是考虑系统恢复过程中最恶劣的运行情况，在保证系统安全的基础上决策出最优的负荷恢复方案和新能源出力方案。

鲁棒模型的建立一般分为三个步骤：第一，分析实际问题，建立确定性模型；

第二,考虑不确定量的波动性,区分已建立确定性模型中变量(包括决策变量和不确定变量)、目标函数、约束条件,建立考虑不确定量的模型;第三,根据鲁棒优化理论,将考虑不确定量的模型表述为 min-max 型的鲁棒模型(在目标函数为 min时),其中,max 表示在鲁棒模型中考虑了最恶劣的场景,min 表示在最恶劣场景下寻求最优的方案。

2. 支路潮流模型

为了提高模型求解效率,同时考虑交流潮流模型难以线性化处理的问题,本章引入支路潮流模型代替交流潮流模型。支路潮流模型现已经应用于径向网络与网状网络中[66],并表述为式(5.9)的形式:

$$\begin{cases} V_i - V_j = z_{ij} I_{ij} \\ \sum_{j:i\to j} S_{ij} - \sum_{k:k\to i} \left(S_{ki} - z_{ki} |I_{ki}|^2 \right) + y_i^* |V_i|^2 = s_i \\ S_{ij} = V_i I_{ij}^*, \quad (i,j) \in \Omega^E, i,j \in \Omega^N \end{cases} \tag{5.9}$$

式中,V_i 为相量,表示支路潮流模型的节点电压;z_{ij} 为线路 i-j 上的阻抗;I_{ij} 为相量,表示线路 i-j 上的电流;$i\to j$ 表示线路 i-j 上电流从节点 i 流向节点 j;S_{ij} 为相量,表示线路 i-j 上的视在功率;y_i 为节点 i 的对地导纳;s_i 为相量,表示节点 i 上的注入视在功率;y_i^* 和 I_{ij}^* 分别为 y_i 与 I_{ij} 相量的共轭;Ω^E 和 Ω^N 分别为电力系统中的节点集合和支路集合。

若需要保证基于支路潮流模型考虑最优潮流(optimal power flow)时的模型准确性,则在电力系统为连通的基础上,最优潮流模型仍需要满足如下两个前提:

(1)目标函数(min)为凸,与电流严格正相关,与负荷非正相关,与支路功率无关;

(2)最优潮流模型有可行解。

基于式(5.9)的支路潮流模型,文献[66]建立了松弛功角后的支路潮流模型如式(5.10a)~式(5.10d)所示:

$$v_j = v_i - 2\left(r_{ij} P_{ij} + x_{ij} Q_{ij} \right) + (r_{ij}^2 + x_{ij}^2) l_{ij} \tag{5.10a}$$

$$l_{ij} = \frac{P_{ij}^2 + Q_{ij}^2}{v_i}, \quad (i,j) \in \Omega^E, i,j \in \Omega^N \tag{5.10b}$$

$$p_i = \sum_{j:i\to j} P_{ij} - \sum_{k:k\to i} (P_{ki} - r_{ki} l_{ki}) + g_i v_i \tag{5.10c}$$

$$q_i = \sum_{j:i \to j} Q_{ij} - \sum_{k:k \to i} (Q_{ki} - x_{ki}l_{ki}) + b_i v_i \tag{5.10d}$$

式中，r_{ij} 和 x_{ij} 分别为线路 i-j 的电阻与电抗；g_i 和 b_i 分别为节点 i 对地的电导和电纳；$i \to j$ 表示线路 i-j 上电流从节点 i 流向节点 j；P_{ij} 和 Q_{ij} 分别为从节点 i 到节点 j 的有功功率和无功功率；v_i 为节点 i 上的电压平方；l_{ij} 为线路 i-j 上的电流平方。

式 (5.10) 是一个非线性模型，无法快速求解，因此运用二阶锥规划理论[67,68] 对式 (5.10b) 中的非线性项进行松弛，可以表述为如式 (5.11) 所示的形式：

$$l_{ij} \geqslant \frac{P_{ij}^2 + Q_{ij}^2}{v_i}, \ \ (i,j) \in \Omega^{\mathrm{E}}, i, j \in \Omega^{\mathrm{N}} \tag{5.11}$$

得到再次松弛后的支路潮流模型为

$$\begin{cases} v_j = v_i - 2 \left(r_{ij}P_{ij} + x_{ij}Q_{ij} \right) + (r_{ij}^2 + x_{ij}^2) l_{ij} \\ l_{ij} \geqslant \dfrac{P_{ij}^2 + Q_{ij}^2}{v_i}, \ \ (i,j) \in \Omega^{\mathrm{E}}, i, j \in \Omega^{\mathrm{N}} \\ p_i = \displaystyle\sum_{j:i \to j} P_{ij} - \sum_{k:k \to i} (P_{ki} - r_{ki}l_{ki}) + g_i v_i \\ q_i = \displaystyle\sum_{j:i \to j} Q_{ij} - \sum_{k:k \to i} (Q_{ki} - x_{ki}l_{ki}) + b_i v_i \end{cases} \tag{5.12}$$

式 (5.12) 是一个凸优化模型，可以运用商业软件快速求解，但是式 (5.10) 与式 (5.11) 之间的等价转换需要满足以下前提条件：节点 p_i 注入功率无上限。显然，没有节点可以注入无限大的功率，这个转换条件是工程上无法实现的，这也导致了求解式 (5.12) 过程中会出现一定的误差。

文献[66]和[69]证明了在径向网络中，当满足上述等价转换条件时，通过对松弛模型 (5.12) 的求解，一定存在一个功角使得式 (5.9) 成立，这也验证了求解式 (5.12) 的有效性。

然而，上述的支路潮流模型中并未考虑风力、光伏等新能源的参与，新能源由于其清洁环保等优点正逐渐成为能源利用的主流，文献[70]和[71]考虑了将风力、光伏等新能源加入支路潮流模型，并在风力、光伏在电力系统的不同占比情况下分析支路潮流模型的准确性。综上所述，本节将基于支路潮流模型对考虑新能源不确定性的负荷恢复过程进行建模与求解。

3. 停电系统负荷恢复的决策框架

在停电系统负荷恢复过程中，调度人员通过对负荷出线恢复序列、新能源出力、储能出力等数据的管理，制定满足系统安全运行要求的新能源出力和负荷恢复方案。停电系统负荷恢复具体决策框架如图 5.8 所示。

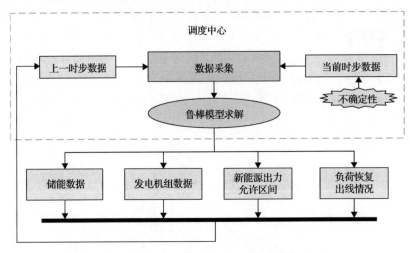

图 5.8　停电系统负荷恢复具体决策框架

首先，进行数据采集，数据包括上一时步数据与当前时步数据。上一时步数据包括新能源出力允许区间、负荷恢复出线情况、储能数据、发电机组数据；当前时步数据包括新能源出力预测值与预测区间、负荷出线恢复量预测区间。其中，新能源出力允许区间表示在保证系统安全前提下，新能源有功功率输出值的范围。

其次，在数据采集后，调度人员通过求解考虑新能源出力不确定性的停电系统恢复鲁棒模型，得到当前时步新能源出力允许区间和负荷恢复方案。

最后，通过调度中心将决策方案发送至停电系统中的各个节点。

5.4.2　考虑新能源发电机组出力和负荷不确定性的负荷恢复鲁棒模型

基于上述理论基础，本节以加权负荷恢复量最大为主要优化目标，计及新能源出力、储能运行、支路潮流、不确定区间、单次负荷最大投入有功功率、最大负荷可恢复总量等约束，建立考虑新能源出力和负荷不确定性的负荷恢复鲁棒模型，具体模型如下。

1. 目标函数

在大规模新能源系统并网接入停电系统和系统网架恢复顺序已经确定的情况下，停电系统恢复的目标函数变成了尽可能多地恢复重要负荷、尽可能多地消纳新能源有功功率输出和具有尽可能小的网损。因此，考虑新能源不确定性的负荷恢复模型目标函数由以下三个部分组成：负荷恢复量、新能源有功功率出力削减

量和已恢复系统的网损，可以表述为

$$\max\left[\sum_{i\in\Omega_t^{\text{load}}}\sum_{j\in\Omega_i^{\text{FD}}}\omega_{ij,t}P_{ij,t}^{\text{L}}-\sum_{i\in\Omega_t^{\text{RE}}}(\overline{P}_{i,t}^{\text{w}}-\hat{\overline{P}}_{i,t}^{\text{w}})-\sum_{i\in\Omega_t^{\text{RE}}}(\underline{P}_{i,t}^{\text{w}}-\hat{\underline{P}}_{i,t}^{\text{w}})-\sum_{L_{ij}\in\Omega_t^{\text{line}}}l_{\text{L},ij,t}r_{\text{L},ij}\right]$$

(5.13)

式中，Ω_t^{load} 为在 t 时步恢复的负荷节点集合；Ω_i^{FD} 为属于负荷节点 i 的出线集合；$\omega_{ij,t}$ 和 $P_{ij,t}^{\text{L}}$ 分别为在负荷节点 i 上的 j 出线权值和负荷恢复量；Ω_t^{RE} 为在 t 时步可以被调用的新能源节点集合；$\overline{P}_{i,t}^{\text{w}}$ 和 $\underline{P}_{i,t}^{\text{w}}$ 分别为在 t 时步新能源有功功率出力预测上限与下限；$\hat{\overline{P}}_{i,t}^{\text{w}}$ 和 $\hat{\underline{P}}_{i,t}^{\text{w}}$ 为决策变量，分别表示新能源有功功率出力允许上限和下限；Ω_t^{line} 为在 t 时步所有已恢复线路的集合；$l_{\text{L},ij,t}$ 和 $r_{\text{L},ij}$ 分别为线路 L_{ij} 上的电流和电阻。

2. 约束条件

在新能源系统并网参与停电系统恢复后，为了保证已恢复系统的安全，不仅需要满足第 2 章所提到的传统负荷恢复模型约束，还需要计及新能源系统约束，包括储能运行和新能源运行约束。因此，考虑新能源不确定性的负荷恢复模型约束可以表述如下。

1) 储能运行约束

电动汽车、电网侧电池等储能系统可以作为黑启动电源，也能够以辅助电源的形式参与到停电系统恢复中[72]。在停电系统恢复过程中，储能系统可以协调新能源出力，使得新能源出力更加稳定，辅助新能源机组恢复更多的负荷。储能系统可以建模如下：

$$\begin{cases} P_{i,t}^{\text{ESS}}=P_{i,t}^{\text{discharge}}-P_{i,t}^{\text{charge}} \\ 0\leqslant P_{i,t}^{\text{discharge}}\leqslant u_{i,t}^{\text{discharge}}P_i^{\text{ESS,max}} \\ 0\leqslant P_{i,t}^{\text{charge}}\leqslant u_{i,t}^{\text{charge}}P_i^{\text{ESS,max}} \\ u_{i,t}^{\text{discharge}}+u_{i,t}^{\text{charge}}=1,\quad i\in\Omega_t^{\text{RE}} \end{cases}$$

(5.14)

式中，$P_{i,t}^{\text{ESS}}$ 为 t 时步储能节点 i 的有功功率出力值；$P_{i,t}^{\text{discharge}}$ 和 $P_{i,t}^{\text{charge}}$ 分别为储能节点 i 的放电功率和充电功率；$P_i^{\text{ESS,max}}$ 为储能节点 i 的有功功率出力的上限；$u_{i,t}^{\text{discharge}}$ 和 $u_{i,t}^{\text{charge}}$ 为 0-1 决策变量，决定了储能节点 i 工作在何种运行方式下(包括放电运行和充电运行)。

在 t 时步的储能节点 i 容量由其输出的有功功率决定，因此储能容量应满足如

下约束:

$$
\begin{cases}
C_{i,0}^{\text{ESS}} = C_{i,0} \\
C_{i,t}^{\text{ESS}} = C_{i,t-1}^{\text{ESS}} + \alpha_i^{\text{charge}} P_{i,t}^{\text{charge}} \Delta t - \alpha_i^{\text{discharge}} P_{i,t}^{\text{discharge}} \Delta t \\
C_i^{\text{ESS,min}} \leqslant C_{i,t}^{\text{ESS}} \leqslant C_i^{\text{ESS,max}}, \quad i \in \Omega_t^{\text{RE}}
\end{cases}
\tag{5.15}
$$

式中，$C_{i,0}^{\text{ESS}}$ 和 $C_{i,t}^{\text{ESS}}$ 分别为储能节点 i 在初始时刻和 t 时步的储能容量；α_i^{charge} 和 $\alpha_i^{\text{discharge}}$ 分别为储能节点 i 的充电系数和放电系数；$C_i^{\text{ESS,min}}$ 和 $C_i^{\text{ESS,max}}$ 分别为储能节点 i 的储能容量下限和上限。

2) 新能源有功功率出力约束

本章根据文献[73]引入了新能源的允许上下限作为决策变量，决策出的允许上下限不同于新能源有功功率出力值，能够适应多变的实际情况。新能源出力值是一个具体的系统出力值，当新能源系统所处的实际情况不足以满足出力方案需求时，新能源出力值将失去它的价值，而新能源允许区间可以为调度人员提供新能源有功功率出力选择范围，调度人员可以根据现场的情况在允许出力区间内进行选择。新能源出力允许上限应小于其预测出力上限，出力允许下限也应小于其预测出力下限[74]，可以表述为

$$
\begin{cases}
\underline{\hat{P}}_{i,t}^{\text{w}} \leqslant P_{i,t}^{\text{w}} \leqslant \overline{\hat{P}}_{i,t}^{\text{w}} \\
\underline{\hat{P}}_{i,t}^{\text{w}} \leqslant \underline{P}_{i,t}^{\text{w}} \\
\overline{\hat{P}}_{i,t}^{\text{w}} \leqslant \overline{P}_{i,t}^{\text{w}}, \quad i \in \Omega_t^{\text{RE}}
\end{cases}
\tag{5.16}
$$

式中，$P_{i,t}^{\text{w}}$ 为决策变量，表示 t 时步新能源节点 i 的最优有功出力；$\underline{\hat{P}}_{i,t}^{\text{w}}$ 和 $\overline{\hat{P}}_{i,t}^{\text{w}}$ 为决策变量，分别表示 t 时步新能源有功功率出力的允许下限和上限；$\overline{P}_{i,t}^{\text{w}}$ 和 $\underline{P}_{i,t}^{\text{w}}$ 分别为 t 时步新能源节点 i 有功功率出力的预测上限和下限。

3) 支路潮流约束

根据前面的介绍，支路潮流模型可以表述为

$$
v_j = v_i - 2\left(r_{ij} P_{ij} + x_{ij} Q_{ij}\right) + \left(r_{ij}^2 + x_{ij}^2\right) l_{ij}, \quad i, j \in \Omega_t^{\text{bus}}
\tag{5.17}
$$

$$
l_{ij} = \frac{P_{ij}^2 + Q_{ij}^2}{v_i}, \quad i, j \in \Omega_t^{\text{bus}}, (i, j) \in \Omega_t^{\text{line}}
\tag{5.18}
$$

$$
P_{i,t}^{\text{G}} + P_{i,t}^{\text{w}} + P_{i,t}^{\text{ESS}} - \sum_{j \in \Omega_i^{\text{DF}}} P_{ij,t}^{\text{L}} = \sum_{k:i \to k} P_{ik} - \sum_{o:o \to i} (P_{oi} - r_{oi} l_{oi}) + g_i v_i, \quad k, i, o \in \Omega_t^{\text{bus}}
\tag{5.19}
$$

$$
Q_{i,t}^{\text{G}} - \sum_{j \in \Omega_i^{\text{FD}}} Q_{ij,t}^{\text{L}} = \sum_{k:i \to k} Q_{ik} - \sum_{o:o \to i} (Q_{oi} - x_{oi} l_{oi}) + b_i v_i, \quad k, i, o \in \Omega_t^{\text{bus}}
\tag{5.20}
$$

式中，Ω_t^{bus} 为 t 时步已恢复的节点集合；r_{ij} 和 x_{ij} 分别为线路 i-j 的电阻与电抗；g_i 和 b_i 分别为节点 i 对地的电导和电纳；$i{\rightarrow}j$ 为线路 i-j 上电流从节点 i 流向节点 j；P_{ij} 和 Q_{ij} 分别为 t 时步从节点 i 到节点 j 的有功功率和无功功率；v_i 为节点 i 上的电压平方；l_{ij} 为线路 i-j 之间的电流平方。

支路潮流模型中的节点电压需要满足如下约束：

$$v_i^{\min} \leqslant v_i \leqslant v_i^{\max}, \quad i \in \Omega_t^{\text{bus}} \tag{5.21}$$

式中，$v_i^{\max}$ 和 $v_i^{\min}$ 分别为节点 i 电压平方的上限值和下限值。

同时，已恢复的传输线路上有功功率必须小于线路的传输极限，可以表述为

$$P_{ij} \leqslant P_{ij}^{\max}, \quad i, j \in \Omega_t^{\text{bus}} \tag{5.22}$$

式中，$P_{ij}^{\max}$ 为线路 i-j 上的有功功率传输极限。

将系统中负荷出线恢复量 $P_{ij,t}^{\text{L}}$ 作为决策变量，其取值应该在负荷恢复量下限与上限之间，可以表述为

$$\begin{cases} x_{ij,t}\underline{P}_{ij,t}^{\text{L}} \leqslant P_{ij,t}^{\text{L}} \leqslant x_{ij,t}\overline{P}_{ij,t}^{\text{L}} \\ x_{ij,t} \in \{0,1\}, \quad i \in \Omega_t^{\text{load}}, j \in \Omega_i^{\text{FD}} \end{cases} \tag{5.23}$$

式中，$\underline{P}_{ij,t}^{\text{L}}$ 和 $\overline{P}_{ij,t}^{\text{L}}$ 分别为节点 i 的第 j 根出线上负荷恢复的下限和上限；0-1 变量 $x_{ij,t}$ 表示节点 i 的第 j 根出线负荷的恢复状态，当 $x_{ij,t}$ 值为 0 时，负荷出线不恢复，当 $x_{ij,t}$ 值为 1 时，负荷出线恢复。

4) 不确定区间约束

停电系统负荷恢复过程中，新能源实际出力与负荷实际恢复量都存在不确定性，因此借助鲁棒优化方法将不确定量表述为区间形式，不确定区间约束可以表述为

$$\Omega_t^{\tilde{P}^{\text{w}}}(\underline{\hat{P}}_{i,t}^{\text{w}}, \overline{\hat{P}}_{i,t}^{\text{w}}) = \left\{ \tilde{P}_{i,t}^{\text{w}}, i \in \Omega_t^{\text{RE}} \left| \begin{array}{l} \underline{\hat{P}}_{i,t}^{\text{w}} \leqslant \tilde{P}_{i,t}^{\text{w}} \leqslant \overline{\hat{P}}_{i,t}^{\text{w}} \\ \underline{\hat{P}}_{i,t}^{\text{w}} \leqslant \underline{P}_{i,t}^{\text{w}} \\ \overline{\hat{P}}_{i,t}^{\text{w}} \leqslant \overline{P}_{i,t}^{\text{w}}, i \in \Omega_t^{\text{RE}} \end{array} \right. \right\} \tag{5.24}$$

$$\Omega_t^{\tilde{P}_{ij,t}^{\text{L}}} = \left\{ \tilde{P}_{ij,t}^{\text{L}}, i \in \Omega_t^{\text{RE}}, j \in \Omega_i^{\text{FD}} \left| \begin{array}{l} x_{ij,t}\underline{P}_{ij,t}^{\text{L}} \leqslant \tilde{P}_{ij,t}^{\text{L}} \leqslant x_{ij,t}\overline{P}_{ij,t}^{\text{L}} \\ x_{ij,t} \in \{0,1\}, i \in \Omega_t^{\text{RE}}, j \in \Omega_i^{\text{FD}} \end{array} \right. \right\} \tag{5.25}$$

式中，$\Omega_t^{\tilde{P}^{\text{w}}}$ 和 $\Omega_t^{\tilde{P}_{ij,t}^{\text{L}}}$ 分别为新能源出力与负荷恢复量的不确定集合；$\tilde{P}_{i,t}^{\text{w}}$ 和 $\tilde{P}_{ij,t}^{\text{L}}$ 分

别为新能源节点 i 的实际有功功率出力和负荷节点 i 的第 j 根出线的实际恢复量。

5) 满足所有不确定场景的单次投入负荷最大有功功率约束

负荷出线一经投入电网将会造成系统频率的波动，考虑到这个因素，负荷出线的实际恢复量必须小于最大频率偏差所能承受的功率，从而满足所有不确定场景的单次负荷最大投入有功功率约束可以表述为

$$\tilde{P}_{ij,t}^{\mathrm{L}} \leqslant \Delta f_{\max} \sum_{k \in \Omega_t^{\mathrm{gen}}} \frac{P_k^{\mathrm{G}}}{\mathrm{df}_k}, \quad i \in \Omega_t^{\mathrm{load}}, j \in \Omega_i^{\mathrm{FD}}, \tilde{P}_{ij,t}^{\mathrm{L}} \in \Omega_t^{\tilde{P}_{ij,t}^{\mathrm{L}}} \tag{5.26}$$

式中，Ω_t^{gen} 为 t 时步已恢复的火电机组和水电机组的集合；P_k^{G} 为已恢复系统中机组 k 的有功功率输出；$\Delta f_{\max}$ 为最大频率允许波动值；df_k 为机组 k 的暂态频率响应系数。

6) 满足所有不确定场景的最大可恢复负荷总量约束

负荷实际可以恢复总量由已恢复机组（包括火电机组和水电机组）爬坡新增的有功功率出力、新能源出力和储能出力共同决定，因此满足所有不确定场景的最大可恢复负荷总量约束可以表述为

$$\begin{cases} \sum\limits_{i \in \Omega_t^{\mathrm{load}}} \sum\limits_{j \in \Omega_i^{\mathrm{FD}}} \tilde{P}_{ij,t}^{\mathrm{L}} \leqslant \sum\limits_{i \in \Omega_t^{\mathrm{gen}}} \Delta P_{i,t}^{\mathrm{G}} + \sum\limits_{i \in \Omega_t^{\mathrm{RE}}} (\Delta P_{i,t}^{\mathrm{w}} + \Delta P_{i,t}^{\mathrm{ESS}}), \quad \tilde{P}_{ij,t}^{\mathrm{L}} \in \Omega_t^{\tilde{P}_{ij,t}^{\mathrm{L}}} \\ \Delta P_{i,t}^{\mathrm{w}} = \tilde{P}_{i,t}^{\mathrm{w}} - \overline{\tilde{P}}_{i,t-1}^{\mathrm{w}}, \quad i \in \Omega_t^{\mathrm{RE}}, \tilde{P}_{i,t}^{\mathrm{w}} \in \Omega_t^{\tilde{P}^{\mathrm{w}}} \\ \Delta P_{i,t}^{\mathrm{ESS}} = P_{i,t}^{\mathrm{ESS}} - P_{i,t-1}^{\mathrm{ESS}}, \quad i \in \Omega_t^{\mathrm{RE}} \end{cases} \tag{5.27}$$

式中，$\Delta P_{i,t}^{\mathrm{G}}$ 为第 t 时步已恢复火电机组和水电机组新增的有功功率输出；$\Delta P_{i,t}^{\mathrm{w}}$ 为新能源节点新增的有功功率出力；$\Delta P_{i,t}^{\mathrm{ESS}}$ 为储能节点新增的有功功率出力；$P_{i,t}^{\mathrm{w}}$ 为 t 时步新能源机组的有功功率出力；$\overline{\tilde{P}}_{i,t-1}^{\mathrm{w}}$ 为 $t-1$ 时步（上一时步）新能源机组的最大允许出力上限；$P_{i,t}^{\mathrm{ESS}}$ 和 $P_{i,t-1}^{\mathrm{ESS}}$ 分别为 t 时步与 $t-1$ 时步储能机组的有功功率出力。

5.4.3　模型求解

5.4.2 节所建立的鲁棒优化模型式 (5.13)～式 (5.27) 是一个带有不确定量的非线性模型，难以求解。针对上述问题，本节工作如下：首先将具体的模型抽象为矩阵形式；接着通过抽象模型来说明模型的求解步骤，求解步骤包括运用对偶理论和二阶锥规划理论，将双层非线性模型转换为便于求解的单层混合整数二阶锥规划模型；最后将求解步骤应用到具体的模型中。以下将对本节内容进行具体阐述。

1. 模型求解方法

5.4.2 节建立的鲁棒优化模型可以抽象为如下的矩阵形式：

$$\max \ f(x, z, \bar{y}^{\mathrm{w}}, \hat{\underline{y}}^{\mathrm{w}}) \tag{5.28a}$$

$$\text{s.t.} \ Ax + Bz + C\tilde{y}^{\mathrm{w}} + D\tilde{y}^{\mathrm{L}} \geqslant E \tag{5.28b}$$

$$Fz = G \tag{5.28c}$$

$$zHz^{\mathrm{T}} = J \tag{5.28d}$$

$$\underline{z} \leqslant z \leqslant \overline{z} \tag{5.28e}$$

$$\hat{\underline{y}}^{\mathrm{w}} \leqslant \tilde{y}^{\mathrm{w}} \leqslant \hat{\bar{y}}^{\mathrm{w}}, \quad \hat{\underline{y}}^{\mathrm{w}} \leqslant \underline{y}^{\mathrm{w}}, \quad \hat{\bar{y}}^{\mathrm{w}} \leqslant \overline{y}^{\mathrm{w}} \tag{5.28f}$$

$$\underline{y}^{\mathrm{L}} x \leqslant \tilde{y}^{\mathrm{L}} \leqslant \overline{y}^{\mathrm{L}} x \tag{5.28g}$$

式中，x、z、$\hat{\bar{y}}^{\mathrm{w}}$ 和 $\hat{\underline{y}}^{\mathrm{w}}$ 都为决策变量矩阵；x 为 0-1 变量矩阵，包括负荷节点出线的恢复状态和储能机组运行模式的状态；z 为连续变量矩阵，包括新能源机组有功功率出力、储能机组的有功功率出力、最优负荷恢复量和潮流变量；$\tilde{y}^{\mathrm{w}}$ 和 $\tilde{y}^{\mathrm{L}}$ 为不确定变量矩阵，分别表示新能源实际有功功率出力和负荷实际恢复量；$\hat{\bar{y}}^{\mathrm{w}}$ 和 $\hat{\underline{y}}^{\mathrm{w}}$ 分别为新能源机组出力的允许上限和下限矩阵；$\underline{z}$ 和 $\overline{z}$ 分别为所有连续变量的下限和上限矩阵；$\underline{y}^{\mathrm{w}}$、$\overline{y}^{\mathrm{w}}$ 和 $\underline{y}^{\mathrm{L}}$、$\overline{y}^{\mathrm{L}}$ 分别为新能源机组出力预测下限、上限矩阵和负荷恢复量的预测下限、上限矩阵；z^{T} 表示矩阵 z 的转置；A、B、C、D、E、F、G、H、J 都为参数矩阵。

在式 (5.28) 中，目标函数是关于 (x，z，$\hat{\bar{y}}^{\mathrm{w}}$，$\hat{\underline{y}}^{\mathrm{w}}$) 的混合整数线性方程，式 (5.28b) 表示混合整数线性和线性约束，包括储能运行约束、单次负荷最大投入有功功率约束、负荷最大恢复量约束，其中单次负荷最大投入有功功率约束和负荷最大恢复量约束必须满足所有可能的新能源出力和负荷恢复量场景。式 (5.28c) 和式 (5.28d) 表示支路潮流约束。式 (5.28e) 表示所有连续变量的下限和上限约束。式 (5.28f) 表示新能源实际出力的上限、下限约束，式 (5.28g) 表示负荷出线实际恢复量的上限、下限约束。

根据鲁棒优化理论，为了处理新能源实际出力和负荷实际恢复量的不确定性，式 (5.28) 中的约束必须在最恶劣场景下得到满足。最恶劣场景的生成使得模型 (5.28) 变成了一个双层混合整数非线性模型，最恶劣场景下为下层模型，目标函数与其余约束为上层模型，因此根据带有不确定量的约束式 (5.28b) 和不确定量约

束式 (5.28f)、式 (5.28g)，可以生成如式 (5.29) 所示的最恶劣场景：

$$
\begin{cases}
A_i x + B_i z + L_i \geqslant E_i \\
L_i \leqslant \min_{\tilde{y}^{\mathrm{w}}, \tilde{y}^{\mathrm{L}}} \{(C_i \tilde{y}^{\mathrm{w}} + D_i \tilde{y}^{\mathrm{L}}) \mid \hat{y}^{\mathrm{w}} \leqslant \tilde{y}^{\mathrm{w}} \leqslant \overline{\tilde{y}}^{\mathrm{w}}, \underline{\hat{y}}^{\mathrm{L}} \hat{x} \leqslant \tilde{y}^{\mathrm{L}} \leqslant \overline{\hat{y}}^{\mathrm{L}} \hat{x}, \\
\qquad\qquad \underline{\hat{y}}^{\mathrm{L}} \leqslant \underline{y}^{\mathrm{L}}, \overline{\hat{y}}^{\mathrm{L}} \leqslant \overline{y}^{\mathrm{L}}, 0 \leqslant \hat{x} \leqslant 1 \}
\end{cases}
\tag{5.29}
$$

式中，引入辅助变量 $\underline{\hat{y}}^{\mathrm{L}}$ 和 $\overline{\hat{y}}^{\mathrm{L}}$ 使得下层模型有解，同时考虑到线性规划的最优解总在其可行域的顶点处取得[75]，因此在下层模型中，0-1 变量 x 可以用连续变量 $\hat{x}$ 代替，A_i、B_i、C_i、D_i 和 E_i 分别表示矩阵 A、B、C、D 和 E 的第 i 行系数。

为了简化下层模型，引入辅助变量 ω^{w} 和 ω^{L} 以减少变量个数，式 (5.29) 可以进一步转换为

$$
\begin{cases}
A_i x + B_i z + L_i \geqslant E_i \\
L_i \leqslant \min_{\omega^{\mathrm{w}}, \omega^{\mathrm{L}}} \{C_i [\hat{y}^{\mathrm{w}} + (\overline{\hat{y}}^{\mathrm{w}} - \underline{\hat{y}}^{\mathrm{w}}) \omega^{\mathrm{w}}] + D_i [\underline{\hat{y}}^{\mathrm{L}} \hat{x} + (\overline{\hat{y}}^{\mathrm{L}} - \underline{\hat{y}}^{\mathrm{L}})] \hat{x} \omega^{\mathrm{L}} \mid \\
\qquad\qquad 0 \leqslant \omega^{\mathrm{w}} \leqslant 1, 0 \leqslant \omega^{\mathrm{L}} \leqslant 1, 0 \leqslant \hat{x} \leqslant 1 \}
\end{cases}
\tag{5.30}
$$

式 (5.30) 中出现双线性项 $\hat{x} \omega^{\mathrm{L}}$，因此引入辅助变量 γ[75]，并定义为 $\gamma = \hat{x} \omega^{\mathrm{L}}$，将式 (5.30) 转换为如下形式：

$$
\begin{cases}
A_i x + B_i z + L_i \geqslant E_i \\
L_i \leqslant \min_{\omega^{\mathrm{w}}, \gamma} \{C_i [\hat{y}^{\mathrm{w}} + (\overline{\hat{y}}^{\mathrm{w}} - \underline{\hat{y}}^{\mathrm{w}}) \omega^{\mathrm{w}}] + D_i [\underline{\hat{y}}^{\mathrm{L}} (\hat{x} - \gamma) + \overline{\hat{y}}^{\mathrm{L}} \gamma] \mid \\
\qquad\qquad 0 \leqslant \omega^{\mathrm{w}} \leqslant 1, 0 \leqslant \hat{x} \leqslant 1, 0 \leqslant \gamma \leqslant 1, \hat{x} - \gamma \geqslant 0 \}
\end{cases}
\tag{5.31}
$$

为了将上述双层鲁棒优化模型转换为单层模型，运用对偶理论将式 (5.31) 中的 min 问题转换为其对偶问题：

$$
\begin{cases}
\max \ C_i \underline{\hat{y}}^{\mathrm{w}} - \alpha_i^{\mathrm{T}} I - \beta_i^{\mathrm{T}} I - \varepsilon_i^{\mathrm{T}} I \\
\text{s.t.} \ C_i \overline{\hat{y}}^{\mathrm{w}} - C_i \underline{\hat{y}}^{\mathrm{w}} + \alpha_i^{\mathrm{T}} \geqslant 0 \\
\qquad D_i \underline{\hat{y}}^{\mathrm{L}} + \beta_i^{\mathrm{T}} - \xi_i^{\mathrm{T}} \geqslant 0 \\
\qquad -D_i \underline{\hat{y}}^{\mathrm{L}} + D_i \overline{\hat{y}}^{\mathrm{L}} + \varepsilon_i^{\mathrm{T}} + \xi_i^{\mathrm{T}} \geqslant 0 \\
\qquad \alpha_i, \beta_i, \varepsilon_i, \xi_i \geqslant 0
\end{cases}
\tag{5.32}
$$

式中，α_i、β_i、ε_i 和 ξ_i 为对偶问题的对偶乘子，为决策变量；I 表示单位矩阵。

结合式 (5.31) 与式 (5.32)，运用弱对偶定理可以得到

$$
\begin{cases}
A_i x + B_i z + L_i \geqslant E_i \\
L_i \leqslant C_i \underline{\hat{y}}^{\mathrm{w}} - \alpha_i^{\mathrm{T}} I - \beta_i^{\mathrm{T}} I - \varepsilon_i^{\mathrm{T}} I \\
C_i \overline{\hat{y}}^{\mathrm{w}} - C_i \underline{\hat{y}}^{\mathrm{w}} + \alpha_i^{\mathrm{T}} \geqslant 0 \\
D_i \underline{\hat{y}}^{\mathrm{L}} + \beta_i^{\mathrm{T}} - \xi_i^{\mathrm{T}} \geqslant 0 \\
-D_i \underline{\hat{y}}^{\mathrm{L}} + D_i \overline{\hat{y}}^{\mathrm{L}} + \varepsilon_i^{\mathrm{T}} + \xi_i^{\mathrm{T}} \geqslant 0 \\
\alpha_i, \beta_i, \varepsilon_i, \xi_i \geqslant 0
\end{cases}
\tag{5.33}
$$

运用对偶理论之后，鲁棒模型已经由双层模型转换为单层模型，但辅助变量 $\underline{\hat{y}}^{\mathrm{L}}$ 和 $\overline{\hat{y}}^{\mathrm{L}}$ 与上层模型没有直接联系，因此为了保证双层模型中上下层模型之间的联系，需要在单层模型求解时增加如下约束：

$$
\underline{\hat{y}}^{\mathrm{L}} I \leqslant Mz I \leqslant \overline{\hat{y}}^{\mathrm{L}} I
\tag{5.34}
$$

式中，M 为系数矩阵。式 (5.34) 保证了最优负荷恢复总量应该在辅助变量区间 $[\underline{\hat{y}}^{\mathrm{L}} I, \overline{\hat{y}}^{\mathrm{L}} I]$ 内。

经过上述的转换，鲁棒模型已经由双层非线性模型等价为单层非线性模型，由于式 (5.28d) 支路潮流公式中的非线性项，整个单层鲁棒模型难以高效求解。根据前面的知识，借助二阶锥规划的理论方法，可以将式 (5.28d) 松弛为如下形式：

$$
\| Kz \| \leqslant Lz
\tag{5.35}
$$

式中，K 和 L 为系统矩阵，保证了支路潮流公式的成立。

因此，原鲁棒模型 (5.28) 可以转换为如下的单层优化模型：

$$
\begin{cases}
\displaystyle \max_{x, z, \overline{\hat{y}}^{\mathrm{w}}, \underline{\hat{y}}^{\mathrm{w}}, \underline{\hat{y}}^{\mathrm{L}}, \overline{\hat{y}}^{\mathrm{L}}, \alpha_i, \beta_i, \varepsilon_i, \xi_i} f(x, z, \overline{\hat{y}}^{\mathrm{w}}, \underline{\hat{y}}^{\mathrm{w}}) \\
\text{s.t. 式 (5.28c), 式 (5.28e), 式 (5.33), 式 (5.34), 式 (5.34)} \\
\underline{\hat{y}}^{\mathrm{w}} \leqslant \underline{y}^{\mathrm{w}}, \quad \overline{\hat{y}}^{\mathrm{w}} \leqslant \overline{y}^{\mathrm{w}}
\end{cases}
\tag{5.36}
$$

式 (5.36) 是一个典型的混合整数二阶锥规划问题，可以通过现有的商业软件 CPLEX 高效地求解。

2. 具体模型求解

本部分将把上述介绍的抽象模型求解步骤运用到考虑新能源和负荷不确定性

的负荷恢复鲁棒模型中，包括以下三个部分：最恶劣场景生成、单层模型转换、具体模型表达。

1) 最恶劣场景生成

在鲁棒优化问题中，如果方案在最恶劣场景下能够保证停电系统的安全运行，则此方案就可以保证系统在所有可能的场景下都满足安全约束。因此，在解决考虑新能源不确定性的负荷恢复鲁棒模型问题时，需要分析模型可能出现的最恶劣场景。在本章模型中，单次负荷最大投入有功功率约束和最大可恢复负荷总量约束直接影响了停电系统负荷恢复时的运行安全，从而需要分析单次负荷最大投入有功功率约束和最大可恢复负荷总量约束各自的最恶劣场景，可以分别表述如下：

$$
\begin{cases}
L_{h,1} \leqslant \Delta f_{\max} \sum_{k \in \Omega_t^{\text{gen}}} \dfrac{P_k^{\text{G}}}{\text{df}_k} \\[2mm]
\text{s.t.} \quad L_{h,1} \geqslant \max(\tilde{P}_{hj,t,1}^{\text{L}}) \\[2mm]
\qquad \hat{x}_{hj,t} \underline{\hat{P}}_{hj,t}^{\text{L}} \leqslant \tilde{P}_{hj,t,1}^{\text{L}} \leqslant \hat{x}_{hj,t} \overline{\hat{P}}_{hj,t}^{\text{L}} \\[2mm]
\qquad \underline{\hat{P}}_{hj,t}^{\text{L}} \leqslant \underline{P}_{hj,t}^{\text{L}}, \quad \overline{\hat{P}}_{hj,t}^{\text{L}} \leqslant \overline{P}_{hj,t}^{\text{L}} \\[2mm]
\qquad \hat{x}_{hj,t} \in [0,1], \ h \in \Omega_t^{\text{load}}, j \in \Omega_h^{\text{FD}}
\end{cases}
\tag{5.37}
$$

$$
\begin{cases}
-\sum_{i \in \Omega_t^{\text{RE}}} \Delta P_{i,t}^{\text{ESS}} + \sum_{i \in \Omega_t^{\text{RE}}} \overline{\hat{P}}_{i,t-1}^{\text{w}} + L_2 \leqslant \sum_{i \in \Omega_t^{\text{gen}}} \Delta P_{i,t}^{\text{G}} \\[2mm]
\text{s.t.} \quad L_2 \geqslant \max\left(\sum_{h \in \Omega_t^{\text{load}}} \sum_{j \in \Omega_h^{\text{FD}}} \tilde{P}_{hj,t,2}^{\text{L}} - \sum_{i \in \Omega_t^{\text{RE}}} \tilde{P}_{i,t,1}^{\text{w}} \right) \\[2mm]
\qquad \Delta P_{i,t}^{\text{ESS}} = P_{i,t}^{\text{ESS}} - P_{i,t-1}^{\text{ESS}}, \quad i \in \Omega_t^{\text{RE}} \\[2mm]
\qquad \underline{\hat{P}}_{i,t}^{\text{w}} \leqslant \tilde{P}_{i,t,1}^{\text{w}} \leqslant \overline{\hat{P}}_{i,t}^{\text{w}}, \quad i \in \Omega_t^{\text{RE}} \\[2mm]
\qquad \hat{x}_{hj,t} \underline{\hat{P}}_{hj,t}^{\text{L}} \leqslant \tilde{P}_{hj,t,2}^{\text{L}} \leqslant \hat{x}_{hj,t} \overline{\hat{P}}_{hj,t}^{\text{L}} \\[2mm]
\qquad \underline{\hat{P}}_{hj,t}^{\text{L}} \leqslant \underline{P}_{hj,t}^{\text{L}}, \overline{\hat{P}}_{hj,t}^{\text{L}} \leqslant \overline{P}_{hj,t}^{\text{L}} \\[2mm]
\qquad \hat{x}_{hj,t} \in [0,1], \quad h \in \Omega_t^{\text{load}}, j \in \Omega_h^{\text{FD}}
\end{cases}
\tag{5.38}
$$

式中，$\tilde{P}_{hj,t,1}^{\text{L}}$、$\tilde{P}_{i,t,1}^{\text{w}}$、$\tilde{P}_{hj,t,2}^{\text{L}}$ 为单次负荷最大投入有功功率约束和最大负荷恢复总量约束各自的最恶劣场景下的不确定量；根据式(5.29)的表述，0-1 变量 $x_{hj,t}$ 可以用连续变量 $\hat{x}_{hj,t}$ 代替；$\underline{\hat{P}}_{hj,t}^{\text{L}}$ 和 $\overline{\hat{P}}_{hj,t}^{\text{L}}$ 为引入的辅助变量。

2) 单层模型转换

根据 5.4.3 节第 1 部分中的求解步骤，运用对偶理论，考虑新能源不确定性的负荷恢复双层鲁棒模型可以转换为对应的单层模型。因此，式(5.37)和式(5.38)可以分别表述为式(5.39)和式(5.40)的形式：

$$
\begin{cases}
L_{h,1} \leqslant \Delta f_{\max} \displaystyle\sum_{k \in \Omega_t^{\text{gen}}} \dfrac{P_k^{\text{G}}}{\text{df}_k} \\[2ex]
L_{h,1} \geqslant \beta_{hj,t} + \varepsilon_{hj,t} \\[1ex]
-\underline{\hat{P}}_{hj,t}^{\text{L}} + \varepsilon_{hj,t} - \xi_{hj,t} \geqslant 0 \\[1ex]
\hat{\underline{P}}_{hj,t}^{\text{L}} - \overline{\hat{P}}_{hj,t}^{\text{L}} + \beta_{hj,t} + \xi_{hj,t} \geqslant 0 \\[1ex]
\varepsilon_{hj,t}, \beta_{hj,t}, \xi_{hj,t} \geqslant 0, \quad h \in \Omega_t^{\text{load}}, j \in \Omega_h^{\text{FD}}
\end{cases}
\tag{5.39}
$$

$$
\begin{cases}
-\displaystyle\sum_{i \in \Omega_t^{\text{RE}}} \Delta P_{i,t}^{\text{ESS}} + \sum_{i \in \Omega_t^{\text{RE}}} \overline{\hat{P}}_{i,t-1}^{\text{w}} + L_2 \leqslant \sum_{i \in \Omega_t^{\text{gen}}} \Delta P_{i,t}^{\text{G}} \\[2ex]
L_2 \geqslant -\displaystyle\sum_{i \in \Omega_t^{\text{RE}}} \hat{\underline{P}}_{i,t}^{\text{w}} + \sum_{i \in \Omega_t^{\text{RE}}} \alpha_i + \sum_{h \in \Omega_t^{\text{load}}} \sum_{j \in \Omega_h^{\text{FD}}} (\sigma_{hj} + \delta_{hj}) \\[2ex]
\overline{\hat{P}}_{i,t}^{\text{w}} - \hat{\underline{P}}_{i,t}^{\text{w}} + \alpha_i \geqslant 0 \\[1ex]
-\hat{\underline{P}}_{hj,t}^{\text{L}} + \sigma_{hj} - \psi_{hj} \geqslant 0 \\[1ex]
\hat{\underline{P}}_{hj,t}^{\text{L}} - \overline{\hat{P}}_{hj,t}^{\text{L}} + \delta_{hj} + \psi_{hj} \geqslant 0 \\[1ex]
\Delta P_{i,t}^{\text{ESS}} = P_{i,t}^{\text{ESS}} - P_{i,t-1}^{\text{ESS}} \\[1ex]
\hat{\underline{P}}_{hj,t}^{\text{L}} \leqslant \underline{P}_{hj,t}^{\text{L}}, \overline{\hat{P}}_{hj,t}^{\text{L}} \leqslant \overline{P}_{hj,t}^{\text{L}} \\[1ex]
\alpha_i, \sigma_{hj}, \psi_{hj}, \delta_{hj} \geqslant 0, \quad i \in \Omega_t^{\text{RE}}, h \in \Omega_t^{\text{load}}, j \in \Omega_h^{\text{FD}}
\end{cases}
\tag{5.40}
$$

式中，$\varepsilon_{hj,t}$、$\beta_{hj,t}$、$\xi_{hj,t}$、α_i、σ_{hj}、ψ_{hj}、δ_{hj} 都为对偶乘子。

根据式(5.34)的建立，具体鲁棒模型对应添加如下约束：

$$
\sum_{h \in \Omega_t^{\text{load}}} \sum_{j \in \Omega_i^{\text{FD}}} \hat{\underline{P}}_{hj,t}^{\text{L}} \leqslant \sum_{h \in \Omega_t^{\text{load}}} \sum_{j \in \Omega_i^{\text{FD}}} P_{hj,t}^{\text{L}} \leqslant \sum_{h \in \Omega_t^{\text{load}}} \sum_{j \in \Omega_i^{\text{FD}}} \overline{\hat{P}}_{hj,t}^{\text{L}}
\tag{5.41}
$$

具体鲁棒模型潮流约束中的式(5.18)是一个非凸二次约束，因此需要运用二阶锥规划理论将式(5.18)松弛为二阶锥形式，可以表述为

$$
\left\| \begin{matrix} 2P_{ij} \\ 2Q_{ij} \\ l_{ij} - v_i \end{matrix} \right\|_2 \leqslant l_{ij} + v_i, \quad i, j \in \Omega_t^{\text{bus}}, (i,j) \in \Omega_t^{\text{line}}
\tag{5.42}
$$

3) 具体模型表达

综上所述,考虑新能源和负荷不确定性的负荷恢复单层鲁棒优化模型可以表述为

$$
\begin{cases}
\max\limits_{\substack{P_{i,t}^{\mathrm{ESS}},P_{i,t}^{\mathrm{discharge}},P_{i,t}^{\mathrm{charge}},u_{i,t}^{\mathrm{discharge}},u_{i,t}^{\mathrm{charge}}, \\ P_{i,t}^{\mathrm{w}},P_{ij},Q_{ij},v_i,l_{ij},P_{ij,t}^{\mathrm{L}},Q_{ij,t}^{\mathrm{L}},\hat{P}_{i,t}^{\mathrm{w}},\bar{\hat{P}}_{i,t}^{\mathrm{w}}, \\ \hat{P}_{hj,t}^{\mathrm{L}},\bar{\hat{P}}_{hj,t}^{\mathrm{L}},\varepsilon_{hj,t},\beta_{hj,t},\xi_{hj,t},\alpha_i,\sigma_{hj},\psi_{hj},\delta_{hj}}} \quad \text{式}(5.13) \\[4pt]
\mathrm{s.t} \quad \text{式}(5.14)\sim\text{式}(5.17),\text{式}(5.19)\sim\text{式}(5.23),\text{式}(5.39)\sim\text{式}(5.42)
\end{cases}
\tag{5.43}
$$

式(5.43)所表示的模型是一个混合整数二阶锥模型,可以通过商业软件 CPLEX 高效地求解。

5.4.4　算例分析

1. 仿真场景

本节以 IEEE-10 机 39 节点系统验证本节所提出的模型和算法的有效性,电网拓扑如图 5.9 所示。以下按照常规发电机节点、新能源系统节点、停电系统恢复过程、负荷节点、线路对系统进行介绍。

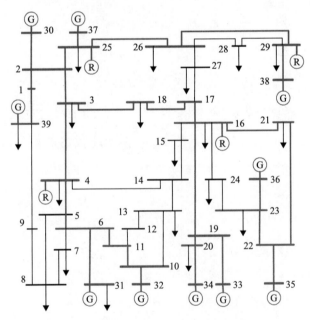

图 5.9　IEEE-10 机 39 节点系统电网拓扑

常规发电机节点:节点 30～39 都为发电机节点。假设节点 30 为水电机组,

作为黑启动机组，其余发电机节点 31～39 都为火电机组，不具备自启动能力，节点 31～39 的参数见 5.3.2 节。选择节点 30 作为平衡机组，用于调节系统功率，且保留 20% 的额定功率作为机组的备用容量。

新能源系统节点：节点 4、25、29、16 上分别配置了新能源系统，包括新能源和储能系统，其中节点 4、25、29、16 的新能源容量分别为 250MW、200MW、250MW、600MW。

停电系统恢复过程：当供电到达新能源节点时，新能源系统即刻并网供电。各新能源机组接入后的预测有功功率出力情况[73]如图 5.10 所示，储能参数设置如表 5.6 所示。

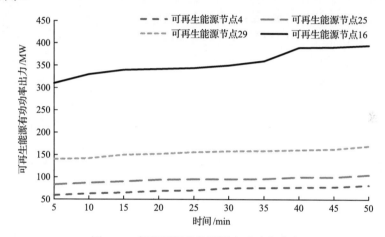

图 5.10　新能源机组的预测有功功率出力

表 5.6　储能参数设置

节点	初始时刻储能容量 /(MW·h)	充电系数	放电系数	储能容量上限 /(MW·h)	储能容量下限 /(MW·h)	有功功率输出 /输入上限/MW
4	5	0.84	1.19	10	0	4
25	5	0.84	1.19	10	0	4
29	5	0.84	1.19	10	0	4
16	5	0.84	1.19	10	0	4

负荷节点：图 5.9 中横线上附有箭头则代表节点上挂有负荷，如节点 39、25、3、4、7、8、31、18、15、13、27、20、16、24、23、28、29、21 都带有一定量的负荷。

线路：假设系统中恢复每一条线路的时间为 4min，除黑启动机组外，每台机组的启动预热时间为 10min，同时根据 Dijkstra 算法搜索得到机组的恢复路径为 30-31-37-38-39-32-33-34-35-36，且此路径已由调度人员指定不可更改。

2. 鲁棒模型求解结果分析

本节以恢复一台机组为一个时步,并按时步对基于支路潮流模型的新能源未参与的确定性负荷(以下称为模型一)、确定性新能源和负荷(模型二)、只考虑负荷不确定性(模型三)、只考虑新能源不确定性(模型四)、考虑新能源和负荷不确定性(模型五)五种停电系统负荷恢复模型进行求解。其中,上述的模型一目标函数与5.3节模型目标相同,另外四种模型的目标函数都与5.4节模型目标函数相同。若为模型二,则将不确定区间约束删去,负荷最大投入量约束和单次负荷最大投入量约束中的不确定量修改为新能源出力和负荷恢复决策量,与其他约束一同参与决策。模型四和模型三修改方法与模型二类似,不再详述。

模型的求解借鉴了分时步优化的思想,因此本节同样只介绍前三个时步的求解结果。本节的分析主要包括以下两点:

(1)基于支路潮流模型的负荷恢复模型与5.3节基于交流潮流模型的非线性模型在求解结果和计算时间上的对比。

(2)在新能源系统参与停电系统负荷恢复的背景下,是否考虑新能源和负荷不确定性对加权负荷恢复量的影响。

1)第一时步

第一时步是由黑启动水电机组30节点恢复火电机组31节点,为火电机组31节点提供启动功率。

(1)新能源未参与的负荷恢复。

本部分与5.3.2节第一时步的线路、机组情况相同,待恢复节点的负荷出线的恢复量和权值同样如表5.2所示。将模型一与人工蜂群算法分别重复仿真20次,计算两种模型平均求解时间,加权负荷恢复量取20次计算中的最优解,因此模型一与5.3节人工蜂群算法决策出的负荷恢复方案如表5.7所示。

表 5.7　模型一与5.3节人工蜂群算法决策出的第一时步负荷恢复方案恢复情况

模型	负荷恢复方案(以表5.2(a)中的负荷出线数据顺序为基准)	负荷恢复量/MW	加权负荷恢复量/MW	平均求解时间/s
人工蜂群法	3(2)(3)(4),4(1)(2),31(1)	92.2	46.1	3756.8
模型一	3(1)(3)(4),4(1)(2),31(1)	88.2	47.42	2.9

由于两种模型的目标函数都为加权负荷恢复量最大,从表5.7可以看出,不同于人工蜂群算法在求解过程中易陷入局部最优解,模型一决策出的负荷恢复方案虽然在负荷恢复量上较少,但是在加权负荷恢复量上更大,其决策出的方案是全局最优解。同时,模型一在平均求解时间上为2.9s,优于人工蜂群算法求解非线性交流潮流模型的时间(3756.8s)。

(2)新能源参与的负荷恢复。

本部分的线路、常规机组与5.3.2节第一时步相同,待恢复节点的负荷出线的恢复量和权值如表 5.2 所示。由于新能源系统参与停电系统恢复,所以对新能源系统情况进行说明:当线路恢复到 4 节点时,新能源系统并网开始发电,根据图5.10 可知,新能源系统在第一时步恢复结束时的预测有功功率出力值为 64MW,节点 4 的储能初始状态如表 5.6 所示。

假设新能源实际有功功率出力值围绕预测值波动,上下波动量为预测值的20%,即实际有功功率出力值在[51.2MW, 76.8MW]。待恢复负荷每根出线实际恢复量围绕预测值(出线恢复预测值见表5.8)波动,上下波动范围为预测值的10%,如出线 3(1)的实际恢复量为[9MW, 11MW]。若不考虑不确定性,则按照预测值出力或恢复;若不考虑新能源的不确定性,则本时步新能源出力的预测上限和下限都置为预测值 64MW;若不考虑负荷不确定性,则负荷按照预测负荷出线量投入(本节第二、第三时步和后续算例中不考虑不确定性的处理方式相同,将不再一一叙述)。因此,基于支路潮流模型的四种模型决策出的负荷恢复方案如表 5.8 所示。

表 5.8 基于支路潮流模型的四种模型负荷恢复方案(第一时步)

模型	负荷恢复方案(以表 5.2(a)中的负荷出线数据顺序为基准)	负荷恢复量/MW	加权负荷恢复量/MW
模型二	3(1)(2)(3)(4)(5), 4(1)(2)(5), 31(1)	162.2	64.1
模型三	3(1)(2)(3)(4), 4(1)(2)(3)(4), 31(1)	147.2	57.1
模型四	3(1)(2)(3)(4), 4(1)(2)(3)(5), 31(1)	152.2	62.3
模型五	3(1)(2)(3)(4), 4(1)(2)(4), 31(1)	127.2	54.7

在模型二恢复方案中,节点 4 新能源系统出力为 64MW,与未考虑新能源系统加入的模型一相比,负荷恢复量增加了 74MW,加权负荷恢复量增加了16.68MW,说明新能源系统参与停电系统负荷恢复后,能够为系统提供额外的功率支持,加快负荷恢复的进程。

在模型三恢复方案中,节点 4 新能源系统出力为 64MW,负荷恢复量相较于模型二减少了 15MW,加权负荷恢复量减少了 7MW。

在模型四恢复方案中,节点 4 新能源机组出力允许区间为[51.2MW, 76.8MW],储能处于放电状态,有功功率出力为 1.7MW,负荷恢复量相较于模型二减少了10MW,加权负荷恢复量减少了 1.8MW,储能的出力弥补了系统中可能出现的功率缺额,说明新能源和储能都能够为停电系统负荷恢复提供一定的功率支撑。

在模型五的恢复方案中,节点 4 新能源机组出力允许区间为[51.2MW, 76.8MW],节点 4 储能处于放电状态,有功功率出力为 1.98MW,剩余容量为4.21MW·h,负荷恢复量相较于模型二减少了 35MW,加权负荷恢复量减少了9.4MW。

相比于模型二、模型三、模型四的恢复方案，模型五的恢复方案考虑了新能源和负荷不确定性，负荷恢复量和加权负荷恢复量最小，但是可以保证负荷恢复过程中的绝对安全(安全性分析见5.4.3节)。与模型一相比，模型五负荷恢复量增加了39MW，加权负荷恢复量增加了7.28MW，说明计及新能源不确定性对系统安全性的影响，新能源参与停电系统负荷恢复仍然能够辅助系统更多、更快地恢复重要负荷。

2)第二时步

第二时步是由已恢复的小系统30-2-3-4-5-6-31为机组37提供启动功率。

(1)新能源未参与的负荷恢复。

第一时步按照表5.3的决策方案进行恢复，因此第二时步线路、机组、负荷情况与5.3节第二时步初始状态相同。同样，将模型一与人工蜂群算法分别重复仿真20次，计算两种模型平均求解时间，加权负荷恢复量取20次计算中的最优解，因此模型一与5.3节人工蜂群算法决策出的负荷恢复方案如表5.9所示。

表5.9　模型一与5.3节人工蜂群算法决策出的第二时步负荷恢复方案恢复情况

模型	负荷恢复方案(以表5.4中的负荷出线数据顺序为基准)	负荷恢复量/MW	加权负荷恢复量/MW	平均求解时间/s
人工蜂群算法	25(6)	17	11.22	2684.5
模型一	25(6)	17	11.22	4.2

从表5.9可以看出，5.3节人工蜂群算法与模型一决策出的负荷恢复方案相同。但是，模型一的平均求解时间为4.2s，优于人工蜂群算法求解非线性交流潮流模型的时间(2684.5s)，说明基于支路潮流模型的负荷恢复模型在求解结果上不劣于基于交流潮流模型的非线性模型，同时，模型一为凸优化模型，相较于人工蜂群算法求解非线性负荷恢复模型，计算时间更短，为调度人员在大停电后及时调度提供了策略支撑。

(2)新能源参与的负荷恢复。

假设第一时步按照模型五的决策方案进行恢复，则第二时步线路、机组、新能源系统、负荷情况如下。

①线路：线路恢复顺序由调度人员指定为2-25-37，第二时步需要恢复两条线路，分别为2-25和25-37，历时8min。

②机组：机组37节点所需的启动功率38.4MW在第一时步的基础上需再经过8min方才送达。本时步水电机组30节点最大可以增发功率56MW，在第一时步刚刚满足启动功率的机组31节点发电需要经过10min的预热时间，因此在第二时步过程中机组31节点并没有并网发电，无法为负荷恢复提供功率支撑。本时步的最大单次负荷投入量为32.71MW。

③新能源系统：由图5.10可知，节点4新能源机组预测出力为69MW，节点

4 储能剩余容量为 4.208MW·h。节点 25 新能源机组在第二时步恢复 4min 后并网，新增出力为 83MW，节点 25 储能初始状态如表 5.6 所示。

④负荷：根据表 5.8 可知，第一时步已恢复节点 3、4、31 中的部分出线，同时在第二时步中新增负荷节点 25，因此第二时步待恢复负荷的出线值、权值等数据如表 5.10 所示。本节的负荷出线权值同样是依据一类负荷在负荷总量中的占比来划分的。

表 5.10　第二时步待恢复负荷出线预测有功负荷和权值(新能源)

(a) 预测有功负荷

负荷节点	各出线预测有功负荷/MW
25	11/16/10/15/15/17/40/100
4	20/30/32/35/38/40/50/80/125
3	30/34/45/55/90

(b) 权值

负荷节点	权值
25	0.6/0.31/0.4/0.15/0.56/0.66/0.46/0.33
4	0.12/0.29/0.42/0.49/0.34/0.59/0.53/0.68/0.42
3	0.14/0.25/0.23/0.5/0.6

假设新能源实际有功功率出力值围绕预测值波动，上下波动量为预测值的 20%，即节点 4 新能源机组实际有功功率出力值为[55.2MW, 82.8MW]，节点 25 新能源机组实际有功功率出力为[66.4MW, 99.6MW]。待恢复负荷每根出线实际恢复量围绕预测值(出线恢复预测值见表 5.10)波动，上下波动范围为预测值的 10%。因此，基于支路潮流模型的四种模型决策出的负荷恢复方案如表 5.11 所示。

表 5.11　基于支路潮流模型的四种模型负荷恢复方案(第二时步)

模型	负荷恢复方案(以表 5.10(a)中的负荷出线数据顺序为基准)	负荷恢复量/MW	加权负荷恢复量/MW
模型二	3(1), 25(1)(2)(3)(5)(6)	99	43.88
模型三	4(1), 25(1)(2)(3)(5)(6)	89	37.58
模型四	3(1), 25(1)(2)(5)(6)	89	39.88
模型五	25(1)(2)(3)(5)(6)	69	35.18

在模型二恢复方案中，节点 4 新能源系统(包括新能源机组和储能)出力为 69MW，节点 25 新能源系统出力为 83MW。相较于模型一恢复方案，可用于负荷恢复的有功功率为 17.6MW，而模型二恢复方案中，由于新能源系统的参与，可用于负荷恢复的有功功率明显增加，为 113.6MW。虽然与模型一待恢复负荷出线数据不同，但是模型二恢复方案中可以用于负荷恢复的有功功率有较大提升。

在模型三恢复方案中，节点 4 新能源系统出力为 69MW，节点 25 新能源系统出力为 83MW。相较于模型二，负荷恢复量减少了 10MW，加权负荷恢复量减少了 6.3MW。

在模型四恢复方案中，节点 4 新能源系统出力允许区间为[55.2MW, 82.8MW]，节点 4 储能处于放电状态，输出功率为 4MW，节点 25 的新能源系统出力允许区间为[66.4MW, 99.6MW]，节点 25 储能处于放电状态，输出功率为 4MW。相较于模型二，负荷恢复量减少了 10MW，加权负荷恢复量减少了 4MW。

在模型五恢复方案中，节点 4 新能源系统出力允许区间为[55.2MW, 82.8MW]，节点 4 储能处于放电状态，有功功率出力为 1.88MW，剩余容量为 3.91MWh；节点 25 新能源系统出力允许区间为[66.4MW, 99.6MW]，节点 25 储能处于放电状态，有功功率出力为 3MW，剩余容量为 4.52MW·h。

从表 5.11 可以看出，在四种模型恢复方案中，模型五恢复方案负荷恢复量和加权负荷恢复量最小。与模型一相比，模型五负荷恢复量增加了 52MW，加权负荷恢复总量增加了 23.96MW，说明计及新能源不确定性对系统安全性的影响，新能源参与停电系统负荷恢复仍然能够辅助系统更多、更快地恢复重要负荷。

3) 第三时步

第三时步是由已恢复的水电机组 30 节点、火电机组 31 和 37 节点构成的小型网架，为机组 38 节点提供启动功率。

(1) 新能源未参与的负荷恢复。

第三时步线路、机组、负荷情况与 5.3 节第三时步初始状态相同。同样，将模型一与人工蜂群算法分别重复仿真 20 次，计算两种模型平均求解时间，加权负荷恢复量取 20 次计算中的最优解，因此模型一与 5.3 节人工蜂群算法决策出的负荷恢复方案恢复情况如表 5.12 所示。

表 5.12　模型一与 5.3 节人工蜂群算法决策出的第三时步负荷恢复方案恢复情况

模型	负荷恢复方案(以表 5.5(a)中的负荷出线数据顺序为基准)	负荷恢复量/MW	加权负荷恢复量/MW	平均求解时间/s
人工蜂群算法	4(7)(9), 25(1), 26(3)	137	87.96	3156.8
模型一	4(7)(9), 25(1), 26(3)	137	87.96	2.2

从表 5.12 可以看出，第 2 章人工蜂群算法与模型一决策出的负荷恢复方案相同。但是，模型一在平均求解时间上为 2.2s，优于人工蜂群算法求解非线性交流潮流模型的时间 3156.8s，说明基于支路潮流模型的负荷恢复模型在求解结果上不劣于基于交流潮流模型的非线性模型，同时，模型一为凸优化模型，相较于人工蜂群算法求解非线性负荷恢复模型，其计算时间更短，为调度人员在大停电后及时调度提供了策略支撑。

(2)新能源参与的负荷恢复。

假设第二时步按照模型五的恢复方案进行恢复,则第三时步线路、机组、新能源系统、负荷情况如下。

①线路:线路恢复顺序由调度人员指定为 25-26-29-38,第三时步需要恢复三条线路,分别为 25-26、26-29、29-38,共历时 12min。

②机组:机组 38 节点所需的启动功率 46.5MW 在第二时步的基础上需再经过 12min 方才送达。按照考虑新能源和负荷不确定性的负荷恢复模型决策结果,水电机组 30 节点之前的时步共出力 144.32MW,因此本时步最大可增发功率 84MW;机组 31 节点在恢复第一条线路时已经过预热时间,本时步最大可增发功率 114.5MW 并参与调频;机组 37 节点需要经过较长的预热时间,在本时步也可以并网发电,最大可增发功率 10.24MW,但不参与调频。与 5.3 节第三时步相同,本时步最大单次负荷投入量为 99.59MW。

③新能源系统:节点 4 新能源预测出力值为 77MW,节点 4 储能剩余容量为 3.91MW·h;节点 25 新能源机组预测出力值为 92MW,节点 25 储能剩余容量为 4.52MW·h;节点 29 新能源机组在第三时步新增出力 138MW,节点 29 储能初始状态如表 5.6 所示。

④负荷:由表 5.11 可知,第二时步已恢复节点 25 中的部分出线,同时在第三时步中新增负荷节点 29、26,因此第三时步待恢复负荷的出线值、权值等数据如表 5.13 所示。本节的负荷出线权值同样是依据一类负荷在负荷总量中的占比来划分的。

表 5.13　第三时步待恢复负荷出线预测有功负荷和权值

(a) 预测有功负荷

负荷节点	各出线预测有功负荷/MW
25	15/40/100
4	20/30/32/35/38/40/50/80/125
3	30/34/45/55/90
29	3/13/100/95/30/42.5
26	5/5/6/14/10/10/14/15/20/40

(b) 权值

负荷节点	权值
25	0.15/0.46/0.33
4	0.12/0.29/0.42/0.49/0.34/0.59/0.53/0.68/0.42
3	0.14/0.25/0.23/0.5/0.6
29	0.65/0.1/0.21/0.66/0.27/0.29
26	0.4/0.62/0.56/0.5/0.52/0.14/0.25/0.23/0.4/0.3

同样，假设新能源实际有功功率出力值围绕预测值波动，上下波动量为预测值的20%，即节点4新能源机组实际有功功率出力值为[61.6MW, 92.4MW]，节点25新能源机组实际有功功率出力值为[73.6MW, 110.4MW]，节点29新能源机组预测区间为[110.4MW, 165.6MW]。待恢复负荷每根出线实际恢复量围绕预测值(出线恢复预测值见表5.13(a))波动，上下波动范围为预测值的10%。因此，基于支路潮流模型的四种模型决策出的负荷恢复方案如表5.14所示。

表5.14　基于支路潮流模型的四种模型负荷恢复方案(第三时步)

模型	负荷恢复方案(以表5.13(a)中的负荷出线数据顺序为基准)	负荷恢复量/MW	加权负荷恢复量/MW
模型二	3(5), 4(6)(8), 26(2)(3)(5), 29(1)(4)	329.24	203.11
模型三	3(5), 4(8), 26(2)(3)(4)(5), 29(1)(2)(5)(6)	293.5	150.735
模型四	3(5), 4(8), 26(1)(2)(4)(5), 29(1)(4)	302	190.35
模型五	3(5), 4(8), 26(2)(3)(4), 29(1)(5)(6)	270.5	144.235

在模型二恢复方案中，节点4新能源系统(包括新能源机组和储能)出力为77MW，节点25新能源系统出力为92MW，节点29新能源系统出力为138MW。相较于模型一恢复方案，可用于负荷恢复的有功功率为137.14MW，而模型二恢复方案中，由于新能源系统的参与，可用于负荷恢复的有功功率明显增加，为329.24MW。虽然与模型一待恢复负荷出线数据不同，但是模型二恢复方案中可以用于负荷恢复的有功功率有较大提升。

从表5.14可以看出，在四种模型恢复方案中，模型五恢复方案负荷恢复量和加权负荷恢复量最小。在模型五恢复方案中，节点4新能源机组出力允许区间为[61.6MW, 92.4MW]，节点4储能处于放电状态，有功功率出力为3.85MW，剩余容量为2.99MW·h；节点25新能源机组出力允许区间为[73.6MW, 110.4MW]，节点25储能处于放电状态，有功功率出力为3.94MW，剩余容量为3.58MW·h；节点29新能源机组出力允许区间为[110.4MW, 165.6MW]，节点29储能处于放电状态，有功功率出力为3.8MW，剩余容量为4.10MW·h。与模型一相比，模型五负荷恢复量增加了133.5MW，加权负荷恢复量增加了56.275MW，说明计及新能源不确定对系统的安全性影响，新能源参与停电系统负荷恢复仍然能够辅助系统更多、更快地恢复重要负荷。

本节引入了新能源出力允许区间，使得系统调度人员可以依据模型五恢复方案中的新能源允许出力区间，选择适合实际情况的新能源出力和负荷恢复方案。

3. 安全性分析

以本节第一时步为例，即线路、机组、新能源系统、负荷初始状态与新能源参与的负荷恢复相同，假设新能源实际有功功率出力值围绕预测值波动，上下波动量为预测值的 20%，即实际有功功率出力值为[51.2MW, 76.8MW]。待恢复负荷每根出线实际恢复量围绕预测值波动，上下波动量为预测值的10%。负荷出线实际恢复量和新能源实际出力在波动区间内随机生成，对上述基于支路潮流模型的模型二、模型三、模型四、模型五四种模型分别仿真 25 次，得到各自的恢复方案。

　　仿真结果以加权负荷恢复量为指标进行衡量，若负荷实际投入出线量和新能源系统实际出力造成约束的越限，即不满足运行安全的前提，则将此次的仿真结果置为 0；若负荷实际投入出线量和新能源系统实际出力满足安全约束，则将此次的仿真结果以随机生成的加权负荷实际恢复量表示。四种恢复方案的加权负荷出线恢复量仿真结果如图 5.11 所示。

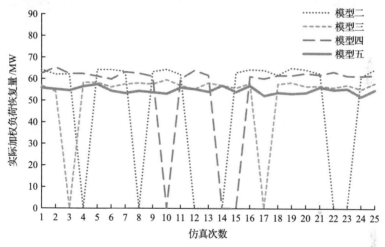

图 5.11　四种恢复方案的 25 次仿真结果

　　图 5.11 中，在 25 次仿真中，模型二、模型三、模型四、模型五分别有 6、2、3、0 次仿真结果为 0，即模型五求解方案没有出现约束越限的情况，而模型二、模型三、模型四的求解方案分别有 6、2、3 次约束越限的情况。下面结合图 5.12 和图 5.13 对这三种出现越限情况的模型求解方案进行分析，其存在问题主要有单次投入负荷最大有功功率约束越限和最大可恢复负荷总量约束越限两种(以下负荷出线数据以表 5.2 中的负荷出线数据顺序为基准)。

　　1) 单次投入负荷最大有功功率约束越限

　　由图 5.12 可知，考虑模型三和模型五的单次负荷最大投入量都在安全线最大允许负荷出线投入量以下，没有出现越限的情况。模型二求解时在第 4、23 次仿真中出现单次投入负荷最大有功功率约束越限的情况，在第 4 次和第 23 次仿真中，出线 4(5)实际投入量达到了 32.78MW 和 32.81MW。同样，模型四在第 15 次仿真中，出线 4(5)实际投入量达到了 32.77MW，然而在本时步，若超过最大允许单次负荷出线投入量 32.71MW，将会导致已恢复系统中的频率下降超过 0.5Hz，进而可能造成系统再次停电。

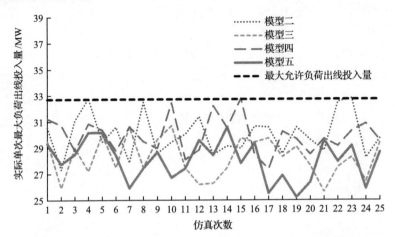

图 5.12　25 次仿真中的单次投入负荷最大有功功率约束越限情况

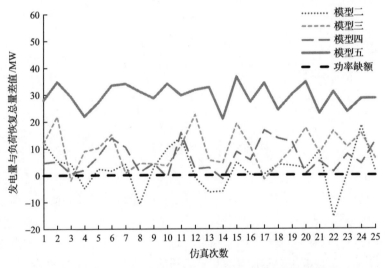

图 5.13　25 次仿真中的最大可恢复负荷总量约束越限情况

2)最大可恢复负荷总量约束越限

由图 5.13 可知，在 25 次仿真中，模型二、模型三、模型四的决策方案分别有 6、2、2 次出现了最大可恢复负荷总量约束越限的情况。出现越限情况的三种模型恢复方案的机组实际出力和负荷实际恢复总量分别如表 5.15、表 5.16 和表 5.17 所示。

表 5.15　模型二 6 次仿真的机组实际出力和负荷实际恢复总量

仿真次数	机组实际出力/MW	负荷实际恢复总量/MW	机组实际出力与负荷实际恢复总量差值/MW
4	159.79	164.71	−4.92
8	151.15	161.90	−10.75
12	161.35	162.38	−1.03
13	152.84	159.24	−6.4
14	151.31	157.31	−6
22	153.72	169.31	−15.59

表 5.16　模型三 2 次仿真的机组实际出力和负荷实际恢复总量

仿真次数	机组实际出力/MW	负荷实际恢复总量/MW	机组实际出力与负荷实际恢复总量差值/MW
3	150.73	152.63	−1.9
17	150.57	152.12	−1.55

表 5.17　模型四 2 次仿真的机组实际出力和负荷实际恢复总量

仿真次数	机组实际出力/MW	负荷实际恢复总量/MW	机组实际出力与负荷实际恢复总量差值/MW
10	157.91	158.67	−0.76
14	153.68	155.13	−1.45

从表 5.15、表 5.16 和表 5.17 可以看出，模型二、模型三和模型四在仿真过程中都出现了负荷实际恢复总量大于机组最大出力的情况，造成了系统中的功率缺额，进而影响停电系统的安全运行。

综上所述，相较于模型二、模型三、模型四三种模型，模型五的恢复方案虽然加权负荷恢复量最小，但是不会造成单次负荷最大有功功率和最大可恢复负荷总量两个安全约束越限，保证了系统运行的绝对安全性。从而，为了保证停电系统负荷恢复过程中的安全性，调度人员可以参考模型五决策出的新能源允许出力区间和负荷恢复方案，制定适合实际情况的新能源出力和负荷恢复方案。

5.5　本 章 小 结

本章从保证能源互联电网恢复过程中的安全性出发，总结了现有研究中的负荷恢复优化方法，并以网架重构阶段的负荷恢复问题为研究对象，介绍了确定性负荷恢复与不确定负荷恢复的具体建模方法。首先，研究了确定性负荷恢复优化模型，运用人工蜂群算法求解，给出每个时步的确定性负荷恢复方案。其次，为了提高求解效率，基于支路潮流模型，运用鲁棒优化理论建立考虑新能源不确定性的停电系统负荷恢复鲁棒模型，将新能源出力和负荷的不确定性描述为区间形式，采用对偶理论将双层鲁棒模型转换为方便求解的单层鲁棒模型，并用二阶锥规划方法对模型进行处理，建立单层混合整数二阶锥鲁棒优化模型。最后，采用商业软件 CPLEX 求解，并以 IEEE-10 机 39 节点系统为例验证了基于本章模型的决策方案，虽然减少了部分负荷出线的恢复，但是可以保证停电系统负荷恢复时的安全性，并缩短了模型求解时间。

参 考 文 献

[1] Fink L H, Liou K L, Liu C C. From generic restoration actions to specific restoration strategies[J]. IEEE Transactions on Power Systems, 1995, 10(2): 745-752.

[2] Ancona J J. A framework for power system restoration following a major power failure[J]. IEEE Transactions on Power Systems, 1995, 10(3): 1480-1485.

[3] Patsakis G, Rajan D, Aravena I, et al. Optimal black start allocation for power system restoration[J]. IEEE Transactions on Power Systems, 2018, 33(6): 6766-6776.

[4] Wang D J, Gu X P, Zhou G Q, et al. Decision-making optimization of power system extended black-start coordinating unit restoration with load restoration[J]. International Transactions on Electrical Energy Systems, 2017, 27(9): 2367.

[5] Jiang Y Z, Chen S J, Liu C C, et al. Blackstart capability planning for power system restoration[J]. International Journal of Electrical Power & Energy Systems, 2017, 86: 127-137.

[6] Wang H, Lin Z Z, Wen F S, et al. Black-start decision-making with interval representations of uncertain factors[J]. International Journal of Electrical Power & Energy Systems, 2016, 79: 34-41.

[7] Li Z C, Tan G J. A black start scheme based on modular multilevel control-high voltage direct current[J]. Energies, 2018, 11(7): 1715.

[8] Xu Z R, Yang P, Zeng Z J, et al. Black start strategy for PV-ESS multi-microgrids with three-phase/ single-phase architecture[J]. Energies, 2016, 9(5): 372.

[9] 高远望, 顾雪平, 刘艳, 等. 电力系统黑启动方案的自动生成与评估[J]. 电力系统自动化, 2004, 28(13): 50-54, 84.

[10] Mi Z Q, Bai J, Liu L Q, et al. Research on regulation strategy of storage-based wind farm after black-start of thermal power unit[J]. Energy Storage Science and Technology, 2017, 6(1): 147-153.

[11] 刘艳, 高倩, 顾雪平. 基于目标规划的网架重构路径优化方法[J]. 电力系统自动化, 2010, 34(11): 33-37.

[12] 韩忠晖, 顾雪平, 刘艳. 考虑机组启动时限的大停电后初期恢复路径优化[J]. 中国电机工程学报, 2009, 29(4): 21-26.

[13] 林振智, 文福拴. 基于加权复杂网络模型的恢复路径优化方法[J]. 电力系统自动化, 2009, 33(6): 11-15, 103.

[14] Gholami A, Aminifar F. A hierarchical response-based approach to the load restoration problem[J]. IEEE Transactions on Smart Grid, 2017, 8(4): 1700-1709.

[15] Feltes J W, Grande-Moran C. Black start studies for system restoration[C]. IEEE Power and Energy Society General Meeting, Pittsburgh, 2008: 1-8.

[16] Qiu F, Li P J. An integrated approach for power system restoration planning[J]. Proceedings of the IEEE, 2017, 105(7): 1234-1252.

[17] Sun L, Lin Z Z, Xu Y, et al. Optimal skeleton-network restoration considering generator start-up sequence and load pickup[J]. IEEE Transactions on Smart Grid, 2018, 10(3): 3174-3185.

[18] Xie Y Y, Chen X, Wu Q W, et al. Second-order conic programming model for load restoration considering uncertainty of load increment based on information gap decision theory[J]. International Journal of Electrical Power & Energy Systems, 2019, 105: 151-158.

[19] 陈彬, 王洪涛, 曹曦. 计及负荷模糊不确定性的网架重构后期负荷恢复优化[J]. 电力系统自动化, 2016, 40(20): 6-12.

[20] 龚薇, 刘俊勇, 贺星棋, 等. 电力系统恢复初期考虑动态特性的负荷恢复优化[J]. 电网技术, 2014, 38(9): 2441-2448.

[21] Adibi M M, Alexander R W, Milanicz D P. Energizing high and extra-high voltage lines during restoration[J]. IEEE Transactions on Power Systems, 1999, 14(3): 1121-1126.

[22] 廖诗武, 姚伟, 文劲宇, 等. 电力系统恢复后期网架重构和负荷恢复的两阶段优化方法[J]. 中国电机工程学报, 2016, 36(18): 4873-4882, 5111.

[23] 钟慧荣, 顾雪平, 朱玲欣. 黑启动恢复中网架重构阶段的负荷恢复优化[J]. 电力系统保护与控制, 2011, 39(17): 26-32.

[24] 杨可, 刘俊勇, 贺星棋, 等. 黑启动中考虑动态过程的负荷最优恢复[J]. 电力自动化设备, 2009, 29(10): 88-92.

[25] 瞿寒冰, 刘玉田. 机组启动过程中的负荷恢复优化[J]. 电力系统自动化, 2011, 35(8): 16-21.

[26] 石立宝, 赤东阳, 姚良忠, 等. 基于电网分区的负荷恢复智能优化策略[J]. 电力系统保护与控制, 2011, 39(2): 1-7, 12.

[27] 程改红, 徐政. 基于粒子群优化的最优负荷恢复算法[J]. 电力系统自动化, 2007, 31(16): 62-65, 74.

[28] 瞿寒冰, 刘玉田. 计及暂态电压约束的负荷恢复能力快速计算[J]. 电力系统自动化, 2009, 33(15): 8-12.

[29] 刘文轩, 顾雪平, 李少岩. 考虑机组重要度和负荷停电损失的网架重构分层协调优化[J]. 华北电力大学学报(自然科学版), 2017, 44(2): 22-32.

[30] 刘文轩, 顾雪平, 王佳裕, 等. 考虑系统安全因素的负荷恢复方案优化[J]. 电力系统自动化, 2016, 40(12): 87-93.

[31] Qin Z J, Hou Y H, Liu C C, et al. Coordinating generation and load pickup during load restoration with discrete load increments and reserve constraints[J]. IET Generation, Transmission & Distribution, 2015, 9(15): 2437-2446.

[32] 方涛, 刘俊勇, 李宏亮, 等. 电力系统负荷恢复控制协调优化策略[J]. 电力系统保护与控制, 2010, 38(16): 18-23.

[33] 周云海, 闵勇. 负荷的快速恢复算法研究[J]. 中国电机工程学报, 2003, 23(3): 74-79.

[34] 刘映尚, 吴文传, 冯永青, 等. 黑启动过程中的负荷恢复[J]. 电网技术, 2007, 31(13): 17-22.

[35] 陈小平, 顾雪平. 基于遗传模拟退火算法的负荷恢复计划制定[J]. 电工技术学报, 2009, 24(1): 171-175, 182.

[36] 覃智君, 侯云鹤, 李大虎, 等. 输电网负荷恢复方案的优化计算方法[J]. 电工技术学报, 2016, 31(8): 116-124.

[37] 瞿寒冰, 刘玉田. 网架重构后期的负荷恢复优化[J]. 电力系统自动化, 2011, 35(19): 43-48.

[38] 张志毅, 陈允平, 刘敏忠, 等. 用改进遗传算法求解电力系统负荷恢复[J]. 华中科技大学学报(自然科学版), 2007, 35(7): 102-104.

[39] Braun M, Brombach J, Hachmann C, et al. The future of power system restoration: Using distributed energy resources as a force to get back online[J]. IEEE Power and Energy Magazine, 2018, 16(6): 30-41.

[40] Liao S W, Yao W, Han X N, et al. An improved two-stage optimization for network and load recovery during power system restoration[J]. Applied Energy, 2019, 249: 265-275.

[41] el-Zonkoly A M. Renewable energy sources for complete optimal power system black-start restoration[J]. IET Generation, Transmission & Distribution, 2015, 9(6): 531-539.

[42] Shen C, Kaufmann P, Hachmann C, et al. Three-stage power system restoration methodology considering renewable energies[J]. International Journal of Electrical Power & Energy Systems, 2018, 94: 287-299.

[43] Golshani A, Sun W, Zhou Q, et al. Coordination of wind farm and pumped-storage hydro for a self-healing power grid[J]. IEEE Transactions on Sustainable Energy, 2018, 9(4): 1910-1920.

[44] 卜婷婷. 风电接入对电力系统恢复过程的影响分析[D]. 北京: 华北电力大学, 2014.

[45] Wang G, Liu J C, Liu L, et al. Study and simulation on wind storage power generation system black start model[J]. International Journal of Control and Automation, 2016, 9(6): 37-50.

[46] 曹曦. 大电网时空协调恢复决策研究与应用[D]. 济南: 山东大学, 2017.

[47] 焦洁. 计及风电的网架重构过程机组出力不确定问题研究[D]. 北京: 华北电力大学, 2018.

[48] 孙小强. 大停电后负荷恢复优化决策的研究[D]. 北京: 华北电力大学, 2018.

[49] 赵瑾, 王洪涛, 曹曦. 计及风电条件风险价值的负荷恢复双层优化[J]. 中国电机工程学报, 2017, 37(18): 5275-5285, 5526.

[50] New York Independent System Operator. Blackout August 12, 2003 final report [EB/OL]. http://www.nyiso.com/public/webdocs/media_room/press_releases/2005/blackout_rpt_final.pdf. [2022-1-20].

[51] 葛睿, 王坤, 王轶禹, 等. "9·28" 及 "2·8" 南澳大利亚电网大停电事件对我国电网调度运行的启示[J]. 电器工业, 2017, (8): 66-71.

[52] 蔺呈倩, 王洪涛, 赵瑾, 等. 基于可信性理论的含直流落点系统风电与负荷协调恢复优化[J]. 电网技术, 2019, 43(2): 410-417.

[53] Yang Y D, Li S F, Li W Q, et al. Power load probability density forecasting using Gaussian process quantile regression[J]. Applied Energy, 2018, 213: 499-509.

[54] Yu L, Li Y P, Huang G H, et al. Planning regional-scale electric power systems under uncertainty: A case study of Jing-Jin-Ji region, China[J]. Applied Energy, 2018, 212: 834-849.

[55] Baghaee H R, Mirsalim M, Gharehpetian G B, et al. Fuzzy unscented transform for uncertainty quantification of correlated wind/PV microgrids: possibilistic-probabilistic power flow based on RBFNNs[J]. IET Renewable Power Generation, 2017, 11(6): 867-877.

[56] Wu C B, Huang G H, Li W, et al. An inexact fixed-mix fuzzy-stochastic programming model for heat supply management in wind power heating system under uncertainty[J]. Journal of Cleaner Production, 2016, 112: 1717-1728.

[57] 王晓丰. 基于模糊机会约束模型的负荷恢复过程中风场有功出力调度[J]. 自动化应用, 2019, (2): 94-98.

[58] 杨毅, 韦钢, 周冰, 等. 含分布式电源的配电网模糊优化规划[J]. 电力系统自动化, 2010, 34(13): 19-23.

[59] 姜潮. 基于区间的不确定性优化理论与算法[D]. 长沙: 湖南大学, 2008.

[60] 马瑞, 熊龙珠. 综合考虑风电及负荷不确定性影响的电力系统经济调度[J]. 电力科学与技术学报, 2012, 27(3): 41-46.

[61] Attarha A, Amjady N, Conejo A J. Adaptive robust AC optimal power flow considering load and wind power uncertainties[J]. International Journal of Electrical Power & Energy Systems, 2018, 96: 132-142.

[62] Hu B Q, Wu L. Robust SCUC with load and wind uncertain intervals[C]. IEEE PES General Meeting Conference & Exposition, National Harbor, 2014: 1-5.

[63] Qu H B, Liu Y T. Maximizing restorable load amount for specific substation during system restoration[J]. International Journal of Electrical Power & Energy Systems, 2012, 43(1): 1213-1220.

[64] Adibi M M, Borkoski J N, Kafka R J, et al. Frequency response of prime movers during restoration[J]. IEEE Transactions on Power Systems, 1999, 14(2): 751-756.

[65] 于丹文, 杨明, 翟鹤峰, 等. 鲁棒优化在电力系统调度决策中的应用研究综述[J]. 电力系统自动化, 2016, 40(7): 134-143, 148.

[66] Farivar M, Low S H. Branch flow model: Relaxations and convexification—Part I[J]. IEEE Transactions on Power Systems, 2013, 28(3): 2554-2564.

[67] Alizadeh F, Goldfarb D. Second-order cone programming[J]. Mathematical Programming, 2003, 95(1): 3-51.

[68] Andersen E D, Roos C, Terlaky T. On implementing a primal-dual interior-point method for conic quadratic optimization[J]. Mathematical Programming, 2003, 95(2): 249-277.

[69] Farivar M, Low S H. Branch flow model: Relaxations and convexification—Part II[J]. IEEE Transactions on Power Systems, 2013, 28(3): 2565-2572.

[70] Abdelouadoud S Y, Girard R, Neirac F P, et al. Optimal power flow of a distribution system based on increasingly tight cutting planes added to a second order cone relaxation[J]. International Journal of Electrical Power & Energy Systems, 2015, 69: 9-17.

[71] Gao H J, Liu J Y, Wang L F, et al. Cutting planes based relaxed optimal power flow in active distribution systems[J]. Electric Power Systems Research, 2017, 143: 272-280.

[72] Zhao Y X, Lin Z Z, Ding Y, et al. A model predictive control based generator start-up optimization strategy for restoration with microgrids as black-start resources[J]. IEEE Transactions on Power Systems, 2018, 33(6): 7189-7203.

[73] Li Z G, Wu W C, Zhang B M, et al. Robust look-ahead power dispatch with adjustable conservativeness accommodating significant wind power integration[J]. IEEE Transactions on Sustainable Energy, 2015, 6(3): 781-790.

[74] Wu W C, Chen J H, Zhang B M, et al. A robust wind power optimization method for look-ahead power dispatch[J]. IEEE Transactions on Sustainable Energy, 2014, 5(2): 507-515.

[75] 陈建华, 李润鑫, 郭子明, 等. 考虑风电场集电线故障的鲁棒区间风电调度方法[J]. 中国电机工程学报, 2015, 35(12): 2936-2942.